コンピュータ科学の基礎

木村 春彦 監修

田嶋 拓也
阿部 武彦 著

共立出版

はじめに

　本書は，コンピュータについての知識をほとんどもたない専門学校，短大，大学の学生を対象としたテキストである。初学者がわかりやすく学べるよう，コンピュータの歴史，基本原理，データベース，ネットワーク，情報セキュリティなどの幅広い分野の基本を平易に解説している。また，基礎知識が確実に身につくように，より多くの例題や演習問題を掲載している。理解度の自己点検にもなるため，是非とも積極的に何度も繰り返して問題に取り組んでほしい。

　本書の特徴は，初学者向けテキストとしては，2進数や論理演算などのコンピュータの基本原理に関する説明に非常に多くのページを割いている点である。コンピュータ技術の変化は激しく，動作の基本原理などを苦労して学んでも，すぐに役に立たない知識になってしまうのでは？といった疑問を初学者はもたれるかもしれない。しかし，本文中にも解説しているように，1940年代に完成したコンピュータの原理は，実はいまだにほとんどのコンピュータにおいて用いられているのである。すなわち，基本的な仕組みに関する知識はそう簡単には陳腐化しないし，将来，仮に技術的に大きな変化があったとしても本質さえきちんと理解しておけば何ら戸惑うことなく柔軟に対応することができるであろう。基礎を徹底的に身につけておく意義はこうした点にある。2進数や論理演算などは，一見とっつきにくい印象を与えるだろうが，敬遠せずに学習していただきたい。

　また本書は，独立行政法人情報処理推進機構（IPA：Information-technology Promotion Agency, Japan）が実施する情報処理技術者試験の区分の1つであるITパスポート試験のテクノロジ系分野の多くを網羅したものである。掲載した例題や演習問題の多くは，ITパスポート試験の過去問である。そのため，ITパスポート試験合格を目指す受験者にとっても最適な自習書である。

　IPAのWebページによると，情報処理技術者試験は，「情報処理の促進に関する法律」に基づき経済産業省が，情報処理技術者としての「知識・技能」が一定以上の水準であることを認定している国家試験である。

　ITパスポート試験は，ITを利活用するすべての社会人・学生が備えておくべきITに関する基礎的な知識が証明できる国家試験であり，具体的には，経営戦略，マーケティング，財務，法務など経営全般に関する知識をはじめ，セキュリティ，ネットワークなどのITの知識，プロジェクトマネジメントの知識など幅広い分野の総合的知識を問う試験である。出題分野は，ストラテジ系（経営全般），マネジメント系（IT管理），テクノロジ系（IT技術）の3分野から構成されており，これらを学習することで，ITを正しく理解し，業務に効果的にITを利活用することのできる"IT力"を身につけることができる。

はじめに

　専門学校,短大,大学でコンピュータを学ぶ学生の多くは,社会に出たのちに,ITパスポート試験の対象者像「職業人が共通に備えておくべき情報技術に関する基礎的な知識をもち,情報技術に携わる業務に就くか,担当業務に対して情報技術を活用していこうとする者」に該当することになろう。またITパスポート試験は,社員教育・研修・資格取得奨励制度などで多くの企業に活用され,さらに新卒採用時のエントリーシートで,ITパスポート試験の合格やスコアを確認する企業も増えているようである。そのため,学生には強く受験を勧めたい国家試験である。

　ITパスポート試験の3つの出題分野のうち,特にテクノロジ系は情報技術の基礎的な分野を網羅していることから,本書においてもテクノロジ系分野を意識して取り入れた。本書での学習によって,より多くの方にITパスポート試験に対する興味をもっていただき,さらに試験合格を目指していただけたら幸いである。

　本書の執筆にあたり,多くの文献を参考にさせていただいた。ご教示いただいた参考文献の著者の方々に深く感謝申し上げる。

　また本書の出版にあたり,共立出版株式会社の清水隆氏と吉村修司氏にたいへんお世話になった。ここに厚く御礼申し上げる。

2017年1月

著者

目 次

第1章 情報社会とコンピュータの歴史

1.1 情報社会に至るまでの社会の変遷 … 1
1.2 コンピュータの誕生と発展の歴史 … 2
1.3 様々な技術の発展によるコンピュータの性能向上 … 10
演習問題 … 11

第2章 デジタルデータと2進数

2.1 アナログとデジタル … 13
2.2 情報の単位 … 15
2.3 2進数がコンピュータで使われる理由 … 16
2.4 n 進法 … 16
2.4.1 10進数 … 16
2.4.2 2進数 … 17
2.4.3 8進数 … 17
2.4.4 16進数 … 17
2.5 10進数の基数変換 … 18
2.5.1 10進数の n 進数への基数変換 … 18
2.5.2 n 進数の10進数への基数変換 … 20
2.6 2進数の8進数,16進数への基数変換 … 21
2.6.1 2進数の8進数への基数変換 … 21
2.6.2 2進数の16進数への基数変換 … 22
2.7 2進数の四則演算 … 23
2.7.1 2進数の加算,減算,乗算 … 23
2.7.2 2進数の加算 … 23

	2.7.3 2進数の減算	24
	2.7.4 2進数の乗算	25
	2.7.5 2進数の除算	26

2.8 シフト演算　　26

2.9 n進法の小数　　27

    2.9.1 n進法の小数点以下の位の重み　　27
    2.9.2 小数の2進数の10進数への基数変換　　27
    2.9.3 小数の16進数の10進数への基数変換　　27
    2.9.4 小数の10進数の2進数への基数変換　　28
    2.9.5 2進数の小数の8進数，16進数への基数変換　　29

2.10 2の補数を利用した負数の表現　　30

    2.10.1 10進数の補数　　30
    2.10.2 2進数の補数　　31
    2.10.3 補数を利用した負数の表現　　32
    2.10.4 表現可能な整数の範囲　　32

2.11 補数を用いた減算　　33

2.12 数の補助単位　　34

    2.12.1 大きな数を表す補助単位　　35
    2.12.2 小さな数を表す補助単位　　35

2.13 文字表現　　35

2.14 論理演算　　37

2.15 論理回路　　39

    2.15.1 リレー（継電器）　　39
    2.15.2 リレーによる論理回路の実現　　40

2.16 集合　　41

    2.16.1 集合とは　　41
    2.16.2 集合の表し方　　41
    2.16.3 2つの集合の関係　　41
    2.16.4 補集合　　43

演習問題　　43

第3章 ハードウェア

- 3.1 コンピュータの種類 ... 47
- 3.2 コンピュータの基本構成 ... 47
- 3.3 入力装置 ... 48
  - 3.3.1 入力装置の種類 ... 48
  - 3.3.2 ポインティングデバイス ... 49
  - 3.3.3 写真・画像やバーコードの読み込み装置 ... 49
- 3.4 記憶装置 ... 51
  - 3.4.1 記憶装置の種類 ... 51
  - 3.4.2 主記憶装置 ... 51
  - 3.4.3 補助記憶装置 ... 51
  - 3.4.4 記憶媒体 ... 51
  - 3.4.5 記憶階層 ... 55
  - 3.4.6 外部記憶装置に関する技術 ... 57
- 3.5 制御・演算装置 ... 59
  - 3.5.1 制御・演算装置の概要 ... 59
  - 3.5.2 CPUの命令実行サイクル ... 59
  - 3.5.3 CPUとクロック ... 60
  - 3.5.4 CPUの性能向上 ... 61
  - 3.5.5 CPUの処理能力を表す指標 ... 61
- 3.6 出力装置 ... 62
  - 3.6.1 出力装置の種類 ... 62
  - 3.6.2 ディスプレイの種類と解像度 ... 62
  - 3.6.3 プリンタの種類 ... 63
  - 3.6.4 入出力インタフェースの種類 ... 63
  - 3.6.5 代表的な有線インタフェース ... 64
  - 3.6.6 代表的な無線インタフェース ... 66
- 3.7 コンピュータシステム ... 67
  - 3.7.1 コンピュータシステムの処理形態 ... 67
  - 3.7.2 コンピュータシステムの構成 ... 68
  - 3.7.3 コンピュータシステムの利用形態 ... 69
- 3.8 システムの性能評価 ... 70
  - 3.8.1 システムの性能評価指標 ... 70
  - 3.8.2 システムの信頼性評価指標 ... 70

3.9 システムの信頼性設計の考え方	72
3.10 システム全体の稼働率	73
3.11 システムの経済性	74
演習問題	75

第4章 ソフトウェア

4.1 ソフトウェアの種類	81
4.2 OS	82
4.2.1 OSの概要	82
4.2.2 OSの種類	82
4.2.3 OSの機能	84
4.3 アプリケーションソフトウェア	87
4.3.1 アプリケーションソフトウェアの概要	87
4.3.2 アプリケーションソフトウェアの種類	88
4.4 プログラム	89
4.4.1 プログラムとプログラミング	89
4.4.2 プログラミング言語の種類	89
4.4.3 言語プロセッサの種類	90
4.4.4 高水準言語の種類	90
4.4.5 その他の言語	91
4.5 パッケージソフトウェア	92
4.6 オープンソースソフトウェア	93
4.7 流れ図	93
4.8 データ構造	95
演習問題	97

第5章 データベース

5.1 データベースとは　　101
5.2 データベースの種類　　102
5.3 関係データベースの構成要素　　103
5.4 関係データベースの集合演算　　105
5.5 関係データベースの関係演算　　106
5.6 正規化　　108
5.7 E-R図　　111
5.8 データベースの整合性保持機能　　113
5.8.1 排他制御　　113
5.8.2 リカバリ機能　　115

演習問題　　118

第6章 ネットワーク

6.1 ネットワーク技術　　123
6.1.1 コンピュータネットワーク　　123
6.1.2 プロトコルとOSI参照モデル　　123
6.1.3 コンピュータネットワークの種類　　128
6.1.4 LANの接続形態　　128
6.1.5 LANのアクセス制御　　130
6.1.6 主なネットワーク接続機器　　131

6.2 インターネット　　133
6.2.1 インターネットの概要　　133
6.2.2 インターネットの基本的な仕組み　　133
6.2.3 イントラネットとエクストラネット　　138

6.3 WWW　　139
6.3.1 WWWの概要　　139
6.3.2 WWWの歴史　　139
6.3.3 Webページ閲覧の仕組み　　140

6.3.4 HTML の書式 ... 141
6.3.5 WWW に関する様々な技術 ... 143

6.4 電子メール　144
6.4.1 電子メールの概要 ... 144
6.4.2 電子メールのプロトコル ... 144
6.4.3 同報通信の送信先指定 ... 145
6.4.4 電子メールに関するサービス ... 146

6.5 通信の速さを表す単位　146

演習問題　147

第7章 情報セキュリティ

7.1 情報セキュリティの基本概念　151

7.2 リスクマネジメント　152

7.3 情報セキュリティマネジメントシステム　156

7.4 脅威　158
7.4.1 人的脅威 ... 158
7.4.2 技術的脅威 ... 159
7.4.3 物理的脅威 ... 163

7.5 情報セキュリティ対策　164
7.5.1 人的セキュリティ対策 ... 164
7.5.2 技術的セキュリティ対策 ... 164
7.5.3 物理的セキュリティ対策 ... 177

演習問題　178

参考文献　186

演習問題の解答　187

索引　199

第1章 情報社会とコンピュータの歴史

本章では，今日の情報社会に至るまでの社会の変遷をたどり，情報社会の基盤であるコンピュータの歴史を学習する。

1.1 情報社会に至るまでの社会の変遷

情報社会（あるいは情報化社会）は，「コンピュータや通信技術の発達により，情報が物質やエネルギーと同等以上の資源とみなされ，その価値を中心にして機能・発展する社会」（広辞苑第六版）とされている。この用語は，コンピュータの普及が予見された1960年代後半頃より用いられている。

情報社会に至るまでのわれわれ人類の社会は，狩猟（放浪）から始まり，その後，農耕開始による定住，やがて産業革命による工業の発展といった大きな変革を経てきた。

1980年の著書『第三の波』において，こうした社会の大きな変革を押し寄せる波の概念になぞらえたのがアメリカの経済学者・未来学者のアルビン・トフラー（Alvin Toffler）である。トフラーによると，第1の波が農業革命による食物の大量生産，第2の波が産業革命による工業製品の大量生産である。そして第3の波が情報革命による情報社会の始まりである（**図1-1**参照）。

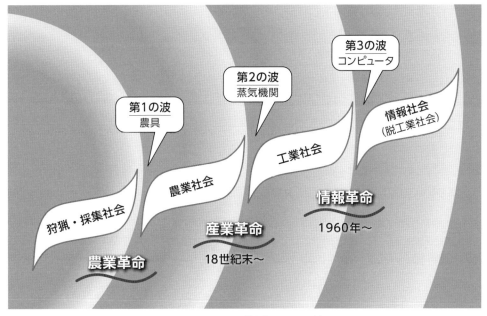

図1-1　トフラーが提唱した3つの波

それぞれの変革時に重要な役割を果たしたものは，農業革命時には生産性を飛躍的に向上させる道具（石や鉄などの物質）であり，産業革命時には機械の自動化を実現するための動力源となったエネルギーであり，情報革命時には情報であった。

それでは，情報社会を機能・発展させる価値をもつ資源とされる情報とは何だろうか。

情報とは，広辞苑第六版によると「①あることがらについてのしらせ。②判断を下したり行動を起こしたりするために必要な，様々な媒体を介しての知識。」とある。

一方，情報と似た用語に「データ」がある。同じく広辞苑第六版では「①立論・計算の基礎となる，既知のあるいは認容された事実・数値。②コンピューターで処理する情報。」とある。

このような説明や多くの専門書の記述などから，本書においては，データは単に「知られている，あるいは観察された事実や数値」であり，それが受け手にとって知識とされるまでに明確で重要な意味をもつようになったものが情報であるとする。

そして，単なる事実や数値に過ぎないデータを集計，蓄積，加工して意味づけし，情報として価値を高めるのが情報処理である（**図1-2**参照）。

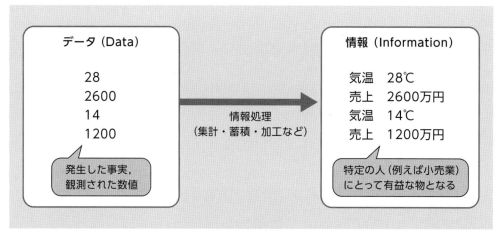

図1-2　情報処理

1.2 コンピュータの誕生と発展の歴史

コンピュータを計算のために使う道具ととらえると，その歴史は古くは石や木の枝の利用や，そろばん，計算尺にまでさかのぼって考えなくてはならない。ただし，これらはあくまでも計算するための道具（機械）であり，計算の制御自体はすべて人手により外部から与えられるものであった。この意味では，電子式卓上計算機（電卓）も同類のものとみなすことができる。

しかし，今日主流のコンピュータは，計算や処理の手順がプログラムとしてあらかじめ記憶され（プログラム内蔵方式），そのプログラムの命令を1つずつ順番に取り出して実行していく方式（逐次制御方式）である。こうした仕組みをもつコンピュータを，この方式の提唱者であるハンガリー出身の数学者ジョン・フォン・ノイマン（John Von Neumann）の名からノイマン型コンピュータという。

今日のコンピュータの誕生に大きく貢献した3つの流れを**図1-3**に示す。

1.2 コンピュータの誕生と発展の歴史

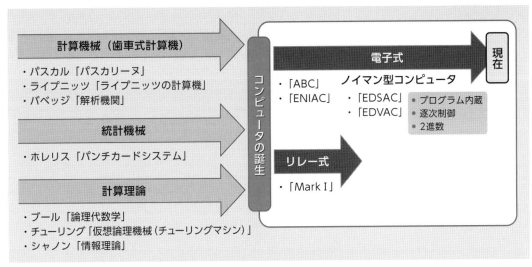

図1-3　ノイマン型コンピュータ誕生までの流れ

(1) 計算機械（歯車式計算機）の発展過程

　計算するための道具としての最初の計算機械は，歯車を利用した機械式のものであった。歯車自体の発明は，ギリシャ時代のアルキメデス（Archimedes）の頃であり，実用に耐える歯車式の計算機械は，パスカル（Blaise Pascal）のものに始まるとされている。

　しかし，歯車式の計算機械は構造が複雑になり，かつ当時の歯車の機械工作精度が高くなかったことから，成功をおさめたとは言い難いものであった。

- **1640年代**

　フランスの数学者パスカルが，0から9までの数が彫られた数個の歯車を回転させて加算や減算のできる機械式計算機「パスカリーヌ」を発明（**図1-4**参照）。

図1-4　機械式計算機「パスカリーヌ」（Wikimedia Commons「Pascaline」より）

- **1670年代**

　ドイツの数学者ライプニッツ（Gottfried Wilhelm Leibniz）が，加減乗除や平方根計算のできる歯車式の計算機を試作。またライプニッツは，今日のコンピュータが利用している2進数を数学的に確立したことで知られている。

●1830年代

イギリスの数学者チャールズ・バベッジ(Charles Babbage)が,計算を機械的に実行する解析機関を設計。この時代の情報伝達方法は,歯車を組み合わせて行うもので(今日のように電気信号は使わず),油圧などで歯車自体を動かす技術水準が高くなかったことから,解析機関は実現されなかった。しかし,その設計はプログラムで計算を制御する今日のコンピュータに近いものであったため,バベッジの解析機関はコンピュータの起源とされ,バベッジは「コンピュータの父」と呼ばれている。

(2) 統計機械の発展過程

19世紀末になると,穴あきカード(Punch Card)を用いた統計機械が開発された。統計機械は,様々なデータをカードに打ち込む穿孔機,カードを処理するための分類機,加減乗除計算の結果をカードに打ち込む穿孔機,小計・総計を計算して印刷する会計機などの機能が集まったものである。

●1887年

アメリカのハーマン・ホレリス(Herman Hollerith)が,1890年のアメリカ国勢調査用の統計処理機械(PCS:パンチカードシステム)を開発。パンチカード(図1-5参照)を読み取る機械はリレー式でパンチカードの穴の有無を電気信号のONとOFFに対応させてデータ処理を行っていた(データ処理に電気を使った点が今日のコンピュータに類似)。

ホレリスは1896年にタビュレーティングマシン社を設立。この後,1911年に他社との合併でCTR(コンピュータ・タビュレーティング・レコーディング)社となり,1924年にIBMに社名変更した。この当時の社長は,トーマス・ジョン・ワトソン・シニア(Thomas John Watson Sr.)であった。

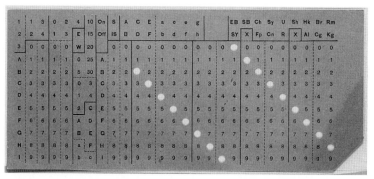

図1-5 パンチカード (Wikimedia Commons「Hollerith punched card」より)

(3) 計算理論の発展過程

●1854年

イギリスの数学者ジョージ・ブール(George Boole)が人間の論理を数式で表すための記号論理代数学を確立。論理が正しい(真)場合には1,誤り(偽)の場合には0とする2進数的な表現をとることで論理を数式化したブールの理論は,後に2進数で計算する電子回路の設計に応用されることになる。

●1936年

イギリスの数学者アラン・チューリング(Alan Mathison Turing)が万能計算機械(=コンピュータ)の理論的可能性を指摘。仮想論理機械(チューリングマシン)と呼ばれたこの理論上の機械は,ブールの論理演算を計算機械に取り入れたものであり,現在のコンピュータの理論的原型とされている。チューリングの残した功績は非常に大きく,情報科学分野のノーベル賞といわれる「チューリング

賞」にその名を残している。なお，チューリングのコンピュータの基本概念を基にして，後にノイマンがコンピュータの設計思想を提唱することになる。

- **1937年**

当時，マサチューセッツ工科大学（MIT）の大学院生だったクロード・シャノン（Claude Elwood Shannon）が，修士論文「A Symbolic Analysis of Relay and Switching Circuits：リレーとスイッチ回路の記号論的解析」において，電気的スイッチ回路の動作（スイッチのON，OFF）が記号論理代数学の「真」「偽」に対応することを示した。これにより，チューリングマシンは電気回路で実現できることが理論的に示された。

その後，AT＆Tベル研究所に入ったシャノンは1948年に現在のコンピュータに欠くことのできない重要な概念である「情報理論（Information Theory）」を確立した。情報の最小単位「ビット」の概念や，数字，文字，音，映像などの様々な情報をビットの単位で符号化（コード化）するアイデアは，情報理論の中で生まれたものである。ライプニッツによって数学的に確立された2進数の1桁が1ビットの情報量に等しく，これは電気のスイッチ1個により電流としても表現できることを明らかにしたシャノンの功績により，スイッチの組合せによる簡単な構造で，符号化された情報を2進数計算で処理する現在のコンピュータが実現されるに至った。

(4) リレー（継電器）式

歯車の複雑な組合せによる機械的なアプローチでは，演算装置の実現が難しかったため，電気技術を使用したリレー（継電器）によるリレー計算機が開発されるようになった。リレーは，1つの回路の電流を断続させたり向きを変えたりして，他の回路のスイッチの開閉を自動的に行う装置である（図1-6参照）。計算機に用いられたリレーは，電磁石によって作動する機械式スイッチであり，これを複数個用いることで電気信号を伝達できる。

リレーによる計算機が実現されたのは，1937年にクロード・シャノンが考案した2進数と論理演算によるスイッチのON，OFFでの計算が可能になったためである。

しかし，スイッチを入れたり切ったりして計算を行う仕組みのリレー計算機においては，スイッチの動く速さの物理的な限界が高速化を阻むことになった。

図1-6　リレー（継電器）
（Wikimedia Commons「Relay」より）

- **1941年**

ドイツのコンラート・ツーゼ（Konrad Zuse）が2進数を用いた電気計算機Z3を開発。

- **1944年**

ハーバード大学のハワード・エイケン（Howard Aiken）とIBMが，ASCC（Automatic Sequence Controlled Calculator）を開発。ASCCは，約3000個の電磁石（リレー）を用いた電気式自動計算機であり，その後ハーバード大学に納入されてMark I（マークワン）と名付けられた。

(5) 電子式～ノイマン型コンピュータの誕生

　機械式，リレー式（電気式）の計算機は，それぞれ歯車やスイッチが動くことで計算する仕組みであったが，物理的な動きをともなっていたことが計算の高速化を阻む要因になっていた。そこで，真空管を採用したコンピュータが開発されることになる。

　真空管によるスイッチングは，発熱したフィラメントにより励起されて真空内を高速移動する電子によって行われる。そのため，スイッチの切り替え速度が格段に向上し，計算の高速化が実現できると考えられたのである。この真空管式計算機が電子計算機の始まりである。

　これ以降，コンピュータ発展の段階（世代）は，スイッチングに利用される素子（device）の種類によって分けられている（図1-7参照）。素子は，回路を構成している要素部品である。

　真空管で作成されたコンピュータが「第1世代」のコンピュータである。トランジスタの発明（1947年）を受けて，1950年代後半から1960年代前半にかけて作成されたのが「第2世代」のコンピュータである。そして，10万〜17万個ものトランジスタを用いていたハードウェアが集積回路（Integrated Circuit：IC）に置き換わり，小型化や商用化（汎用化）されたのが「第3世代」のコンピュータである。1つのチップに1000個以上の素子を組み込んだLSI（Large Scale Integration）が多数用いられたのが「第3.5世代」，1980年代に出現したVLSI（Very Large Scale Integration）が用いられたのが「第4世代」のコンピュータである。

世代	開発年度	素子
第1世代	1940〜1950年代	真空管
第2世代	1960年代前半	トランジスタ
第3世代	1964〜1970年	IC
第3.5世代	1970年代	LSI
第4世代	1980年〜	VLSI

図1-7　コンピュータの世代

次に，現在のノイマン型コンピュータに至るまでの主要な計算機や関連する技術を挙げる。

- **1939年　ABC**

　アイオワ州立大学のアタナソフ（John Vincent Atanasoff）とベリー（Clifford Edward Berry）が，真空管式コンピュータABC（Atanasoff-Berry Computer）を開発。コンピュータのひな型と呼ばれる。

- **1945年　プログラム内蔵方式の提唱**

　ペンシルバニア大学のノイマンが，プログラムを2進数表現で電子的な装置に記憶しておき，それを逐次読み出しで実行するプログラム内蔵方式（蓄積プログラム方式）と呼ばれる新しい概念を提唱。翌年，この概念を実装するEDVAC（Electronic Discrete Variable Automatic Calculator）の開発に着手し，1951年に完成した。

- **1946年　ENIAC**

　ペンシルバニア大学のエッカート（John Presper Eckert）とモークリー（John William Mauchly）が，世界最初の電子式デジタルコンピュータのENIAC（Electronic Numerical Integrator And Computer）を開発（これにはノイマンも加わった）。真空管18800本を用いた総重量30トンの巨大な機械であった（図1-8参照）。大砲弾道計算を開発の動機とする。電子式で高速計算が可能であっ

たものの，プログラムの作製がワイヤリング方式であり，1つのプログラムを作るための数百のワイヤ（配線）の結合作業に数人がかりで数日かかっていたことが問題であった（この問題解決のためにプログラム内蔵方式が考えられた）。

図1-8　ENIAC（Wikimedia Commons「ENIAC」より）

- **1947年　トランジスタの発明**

ベル研究所のウィリアム・ショックレー（William Bradford Shockley Jr.）らがトランジスタを発明。真空管は焼き切れやすく，長時間の安定使用が難しいという欠点があった。そこで，半導体によるスイッチングデバイスであるトランジスタが，1950年代後半から1960年代前半にかけてコンピュータに用いられるようになった。これにより，コンピュータの小型化が進んだ。

- **1949年　EDSAC**

イギリスケンブリッジ大学のウィルクス（Maurice Vincent Wilkes）が，プログラム内蔵方式を実装した世界初のコンピュータEDSAC（Electronic Delay Storage Automatic Computer）を開発（図1-9参照）。

図1-9　EDSAC
(Copyright Computer Laboratory, University of Cambridge. Reproduced by permission.
http://www.cl.cam.ac.uk/Relics/archive_photos.html)

● 1951年　UNIVAC-Ⅰ

レミントン・ランド社の世界初の商用・事務用コンピュータUNIVAC-Ⅰがアメリカ国勢調査局に納入された。UNIVAC-Ⅰは，ENIACを開発したエッカートとモークリーが設立したエッカート・モークリー社（1950年にレミントン・ランド社が買収）が開発したものである（図1-10参照）。

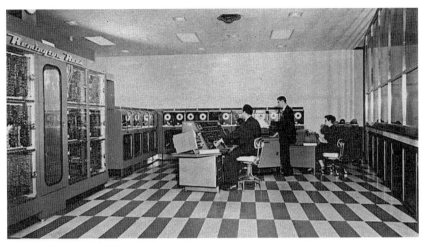

図1-10　UNIVAC-Ⅰ（Wikimedia Commons「UNIVAC-Ⅰ」より）

● 1951年　EDVAC（前出）

ENIACの開発者らが後継機として開発。プログラム内蔵方式のコンピュータだが完成が遅れたため，"世界初"のプログラム内蔵方式コンピュータになれなかった。

● 1952年　IBM701

IBMが最初の商用コンピュータ（主に科学技術計算用）IBM701を発表。

● 1953年　IBM702

IBMが事務計算用コンピュータIBM702を発表。

● 1958年頃　ICの発明

テキサス・インスツルメント社のジャック・キルビー（Jack Kilby）とフェアチャイルド社のロバート・ノイス（Robert Noyce）がICを発明。2人は別の機関において，ほとんど同時期にICを発明した。ICは，トランジスタ，コンデンサ，抵抗，ダイオードなどの多数の回路部品が1つの半導体（シリコンチップ）上に配置された半導体集積回路である。

● 1964年　IBM System/360

IBMが汎用コンピュータ（情報処理コンピュータ）IBM System/360を開発。360は，全方位を示す360度から名付けられたもので，どのような分野にも対応可能（汎用）という意味が込められていた。

● 1968年　Intel設立

ショックレーのもとで働いていた研究者ゴードン・ムーア（Gordon Moore）と，ICの共同発明者のロバート・ノイスが，Intel（インテル）を設立。

● 1971年　マイクロプロセッサi4004の開発

Intelのマーシャン・エドワード・ホフ（Marcian Edward Hoff Jr.），嶋正利らが開発。世界初の4ビットプロセッサ（4ビットは1回の命令で同時に処理できるデータ量を示す）。マイクロプロセッサは，コンピュータの中央処理装置（CPU）を1つのチップ上に収めたものである。

- **1974年　i8080の開発**
  Intelのホフ，嶋正利らが開発。8ビットのマイクロプロセッサ。

マイクロプロセッサと関連したメモリチップが出回るようになり，パーソナルコンピュータ（Personal Computer：PC）が生み出されるようになった。次に，PCに関連する主要な出来事や製品を挙げる。

- **1975年　アルテア8800 (Altair8800)**
  アメリカMITS社が世界初の個人向けコンピュータAltair8800を発売（図1-11参照）。

図1-11　アルテア8800（Wikimedia Commons「Altair8800」より）

同年，ビル・ゲイツ（William Henry "Bill" Gates）とポール・アレン（Paul Gardner Allen）がMicrosoft（マイクロソフト）を設立。

- **1977年　Apple Ⅱ**
  この年に法人化されたApple ComputerがApple Ⅱを発表。世界初の実用的な個人向けPC量産モデルである。Apple Computerの共同設立者であるスティーブ・ジョブズ（Steve Jobs）とスティーブ・ウォズニアック（Steve Wozniak）が開発。この製品の大ヒットによりパーソナルコンピュータ（個人のコンピュータ）の名称が定着した。

- **1981年　IBM PC5150　16ビットOSのMS-DOS開発**
  IBMがPC市場に参入。MS-DOSは，Microsoftが提供。

- **1982年　NEC PC-9801**
  PC-9800シリーズは，後に国内PCの主流となる製品。

- **1984年　Apple ComputerのMacOS**
  Apple Computerがグラフィカルユーザインタフェース（Graphical User Interface：GUI）を備えたMacintoshの初代モデルをアメリカで発売。
  同年，IBMがIBM PC互換機の基になるPC/ATを発表。

- 1992年　日本IBM PC DOS/V発売

  これによりPC/AT互換機で日本語を扱えるようになった。

- 1991年　Linux公開

  フィンランドヘルシンキ大学の学生リーナス・トーバルズ (Linus Benedict Torvalds) がLinuxを公開。

- 1992年　MicrosoftがWindows3.1発売 (日本では1993年に発売)

  Windows3.1より前，1985年にWindows1.0，1987年にWindows2.0，1990年にWindows3.0が発売された。

- 1995年　Windows 95の発売

  続いて1998年にWindows 98，2000年にWindows Me，2001年にWindows XP，2006年にWindows Vista，2009年にWindows 7，2012年にWindows 8，2015年にWindows 10が発売された。

　1980年代になると，ICの小型化，高信頼化，低価格化がPCの発展に大きく寄与し，個人でコンピュータを所有して使用するようになった。

　Appleがスマートフォン「iPhone」を発売したのが2007年で，同年にGoogleがスマートフォン用OS「Android」を発表している。さらに，2010年にAppleのタブレット端末「iPad」が発売され，その後のタブレット端末やスマートフォンなど，いわゆるスマートデバイスの爆発的な普及は周知の通りである。

1.3　様々な技術の発展によるコンピュータの性能向上

　前節でみたように，現在のコンピュータと同様の仕組みができたのは1940年代のことであり，実はそれ以降，今日に至るまで，コンピュータの基本的な原理はほとんど変わっていない。変わってきたものはコンピュータを実現するための様々な要素技術である。

　例えば，コンピュータの頭脳といわれるプロセッサの発展に関しては，ムーアの法則と呼ばれるものがある。ムーアの法則は，半導体メーカーのIntelの共同創立者であるゴードン・ムーアによって1965年に唱えられた。それは，「半導体の集積度は18か月〜24か月ごとに2倍になる」という経験的観測であり，実際にこれがほぼ成立してきたことから法則とされたものである。

　こうした法則からも伺えるように，半導体技術をはじめとするコンピュータを製造するための様々な技術 (電子管，小型部品製造，多層基板，放熱など) の驚異的な発展により，処理速度や記憶容量などの性能のより優れたコンピュータが開発されてきたのである。

　最後に，様々なコンピュータとその利用形態，関連する主要企業や機種を図1-12に示す。

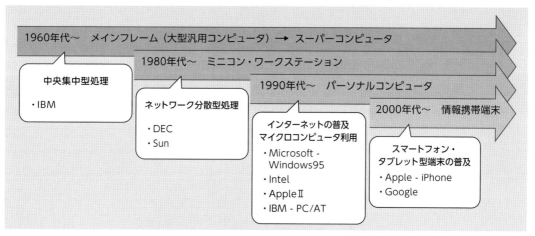

図1-12 コンピュータと利用形態，主要企業や機種

第1章 演習問題

1.1 次の①〜⑤の素子がコンピュータに用いられてきた順番に並べなさい。

① LSI　　② トランジスタ　　③ IC　　④ 真空管　　⑤ VLSI

1.2 次の①〜③の発明にかかわった人物を，解答群ア〜オから選びなさい。

① トランジスタ（1人）　　② IC（2人）　　③ マイクロプロセッサ（2人）

ア．ロバート・ノイス		イ．エドワード・ホフ	
ウ．ウィリアム・ショックレー		エ．嶋正利	
オ．ジャック・キルビー			

1.3 次の①〜④の記述に該当するコンピュータを，解答群ア〜エから選びなさい。

① 世界初の電子計算機とされ，1939年アメリカアイオワ州立大学のアタナソフとベリーによって開発されたコンピュータ

② エッカートとモークリーによって1951年に開発された世界初の商用・事務用コンピュータ

③ 1949年にイギリスケンブリッジ大学でウィルクスらによって開発された世界初のノイマン型コンピュータ

④ アメリカ陸軍の弾道計算を目的としたものであり，真空管18,800本を使用して1946年に開発された世界初の大型コンピュータ

ア．ENIAC　　イ．EDSAC　　ウ．ABC　　エ．UNIVAC-I

第1章 情報社会とコンピュータの歴史

1.4 ノイマンとシャノンに並び，コンピュータ誕生に大きく貢献したチューリングが提案した，現代のコンピュータの動作原理と基本的に同じ仕組みをもつ機械を，解答群ア〜オから選びなさい。

ア．Mark-Ⅰ	イ．パスカリーヌ	ウ．解析機関
エ．仮想論理機械	オ．PCS	

1.5 次の①〜④の会社に関係するそれぞれ2名の人物を，解答群ア〜クから選びなさい。

① Intel　　② IBM　　③ Apple　　④ Microsoft

ア．ハーマン・ホレリス	イ．エドワード・ホフ
ウ．ポール・アレン	エ．スティーブ・ジョブズ
オ．スティーブ・ウォズニアック	カ．ビル・ゲイツ
キ．トーマス・ジョン・ワトソン	ク．ゴードン・ムーア

第2章 デジタルデータと2進数

本章では，コンピュータが処理の対象とするデジタルデータとそれを表現するための2進数などについて学習する。

2.1 アナログとデジタル

人間が視覚や聴覚で認識する光や音などの自然界の現象は連続的なものであり，連続的な値の表現をアナログ（analog）という。また，連続的と対になるのが離散的であり，離散的な値の表現をデジタル（digital）という。

コンピュータが処理できるのはデジタルデータのみである。そのため，コンピュータで映像や音声などを扱う場合，これらのアナログデータをすべてデジタルデータに変換する必要がある。

ここで，アナログデータをデジタルデータに変換することをアナログデジタル変換（A/D変換），デジタルデータをアナログデータに変換することを，デジタルアナログ変換（D/A変換）という。

A/D変換は，アナログデータのある時点の値を一定の時間間隔で読み取る操作（標本化，あるいはサンプリング）を行い，その値を一定の桁数で表現（量子化）し，さらに2進数で表現（符号化）する（**図2-1**参照）。

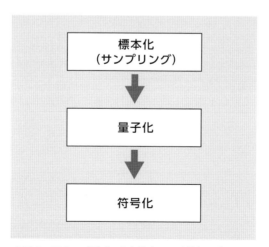

図2-1 アナログデジタル変換（A/D変換）のプロセス

図2-2に具体例を示す。図中の曲線がアナログデータを示している。このアナログデータを一定の時間間隔でアナログ値のまま切り出し（これを標本という），このアナログ値を1, 2, …, 5のデジタル値に近似させ，最後にこれらの値を2進数で表現する。図2-2の量子化誤差は，アナログ値をデジ

タル値に近似させた際に生じる誤差である。例えば、サンプルBとCのアナログ値は明らかに異なっているが、デジタル値はともに5になる。

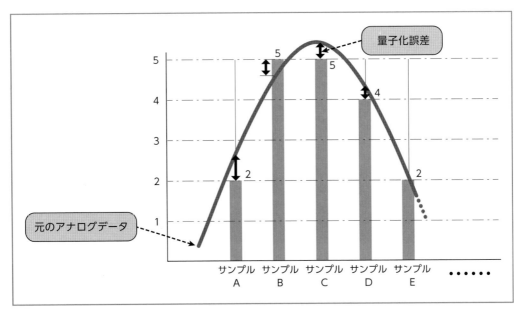

図2-2　アナログデータからデジタルデータへの変換

A/D変換の精度を上げるには、標本化周波数（サンプリングレート＝1秒間に行う標本化の数）や、量子化段階数（量子化ビットレート）を増やすことが必要となる。

> **参考　音楽を記録するコンパクトディスク（CD）のアナログデジタル変換方法**
>
> 音楽用CDのデータは、1秒間に44100回（44.1kHz）の切り出しを行い、16ビット（2^{16}＝65536段階）で量子化している。

例題2-1

音声などのアナログデータをデジタル化するために用いられるPCMで、音の信号を一定の周期でアナログ値のまま切り出す処理はどれか。　　（平成22年度 秋期 応用情報技術者試験 午前 問27）

　ア．暗号化　　イ．標本化　　ウ．符号化　　エ．量子化

 PCM（Pulse Code Modulation）は、アナログ信号をデジタル信号に変換する方式の1つである。PCM方式では、まず連続変化量である音の信号を、一定の周期で切り出すことを行う。これを標本化（サンプリング）という。その後、切り出したデータの大きさを不連続な値に置き換え（量子化）、2進数に変換する（符号化）。

解答　イ

2.2 情報の単位

コンピュータは，様々な入力データ（文字，命令，画像（動画や静止画），音声など）をすべて0と1の数字に置き換えて処理をしている。この0か1のどちらかの状態しかない最小の情報量を1ビット（bit）という。ちなみに，2通りの情報を表せるものが情報の基本単位（最小単位）であると定義したのは，クロード・シャノンである。

最小の1ビットでは2通りの情報しか表すことができないため，数多くの情報を表すためには複数ビットを用いる必要がある。**図2-3**は，1ビットでの2通りの状態を白丸○と黒丸●で表し，複数ビットの組合せでより多くの情報を表せることを示したものである。図2-3より，1ビット（2進数の1桁）増えるごとに，表すことのできるパターン数（情報量）は，2通り→4通り→8通りの2倍ずつ増えていくことがわかる。

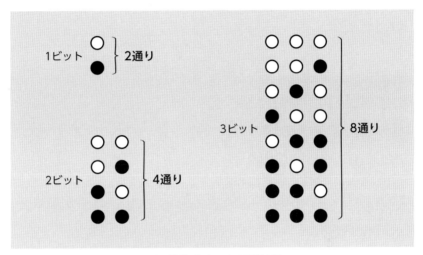

図2-3 複数ビットによる情報表現

このように複数ビットを用いると，例えば8ビットでは2の8乗で256通り，16ビットでは2の16乗で65536通りの情報を表すことができる。すなわち，nビットでは，2のn乗通りの情報を表すことができる。

なお，8ビットをまとめて1バイト（byte）という。

コンピュータ内部での1ビットの0と1の表現は，電圧の高低，帯電の有無，磁気の向きなどの方法で行っている（**図2-4**参照）。

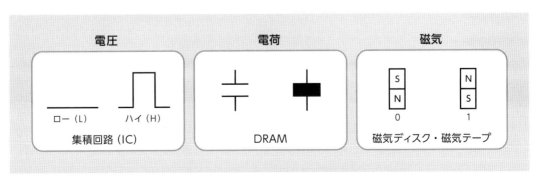

図2-4 コンピュータでの様々な2値表現

2.3 2進数がコンピュータで使われる理由

電圧のレベルによってコンピュータ内部での0と1の表現を行う場合，例えば0Vか5Vの状態が実現できれば2つの状態を表すことができ，それぞれを0と1の2つの符号に割り当てればよい。このような電子回路は，厳しい精度が要求されないため雑音（ノイズ）にも強く，何より作成が簡単である。

さらにデータを2進数で表現することで，コンピュータの様々な処理を，論理積（AND），論理和（OR），否定（NOT）のわずか3つの論理演算（2.14節参照）により実行できる。これらの論理演算を行うための回路（ブールの論理代数学の理論に基づいているため論理回路という）は，電子回路によって容易に実現できる。

また記憶素子についても，ONとOFFの2つの状態をとることができる素子を用いればよく，より簡易な仕組みで済むため低コストで実現できる。

以上のようなメリットにより，コンピュータでは2進数が用いられている。

2.4 n進法

2.4.1 10進数

まず，私たちが日常用いている10進数について考える。

位取りの基礎を10として数を表す方法を10進法といい，10進法で表された数が10進数である。例えば10進数111は，$1 \times 100 + 1 \times 10 + 1 \times 1$を意味している。これを別の表記にすると，$1 \times 10^2 + 1 \times 10^1 + 1 \times 10^0$となる。すなわち10進法では，右から$10^0$の位，$10^1$の位，$10^2$の位，…を用い，各位の数字は，上の位から順に左から右に並べる。また，各位の数字は0以上9以下の整数である。ここで，10^0や10^1や10^2を位の重みといい，重みの基準となる数を基数という。10進数の各位の重みは，基数10のべき乗になっている（**図2-5**参照）。

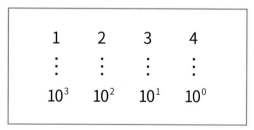

図2-5　10進数の各位の重み

一般に，位取りの基礎をnとして数を表す方法をn進法といい，n進法で表された数をn進数という。ただし，nは2以上の整数で，n進法の各位の数字は，0以上$n-1$以下の整数である。n進数では，その数の右下に$_{(n)}$と書く。例えば，2進数1100は$1100_{(2)}$と書く。なお，10進数では数値の右下の$_{(10)}$を省略することがほとんどである。

各位の数字を上の位から順に左から右に並べて数を表す方法を，位取り記数法という。一方，10進数111を$1 \times 10^2 + 1 \times 10^1 + 1 \times 10^0$のように各位の重みをつけて表す方法を基数記数法という。

2.4.2 2進数

2進数は，位取りの基礎を2として数を表す2進法で表された数である。2進法では，右から2^0の位，2^1の位，2^2の位，…を用い，各位の数字は，上の位から順に左から右に並べる。また，各位の数字は0または1の2つの整数である。2進数の各位の重みは，基数2のべき乗になっている（**図**2-6参照）。

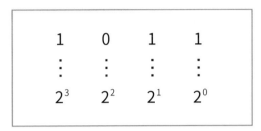

図2-6　2進数の各位の重み

2.4.3 8進数

2進数のほか，8進数や16進数もコンピュータの世界ではよく用いられる。8進数や16進数を用いる理由は，2進数では数が大きいと桁数が非常に多くなり，人間にとって見づらいためである。

8進数は，位取りの基礎を8として数を表す8進法で表された数である。8進法では，右から8^0の位，8^1の位，8^2の位，…を用い，各位の数字は，上の位から順に左から右に並べる。また，各位の数字は0以上7以下の8個の整数である。8進数の各位の重みは，基数8のべき乗になっている（**図**2-7参照）。

```
1      2      3      4
:      :      :      :
8³     8²     8¹     8⁰
```

図2-7　8進数の各位の重み

2.4.4 16進数

16進数は，位取りの基礎を16として数を表す16進法で表された数である。16進法では，右から16^0の位，16^1の位，16^2の位，…を用い，各位の数字は，上の位から順に左から右に並べる。16進数の各位の重みは，基数16のべき乗になっている（**図**2-8参照）。

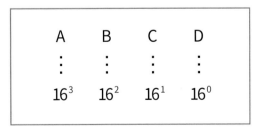

図2-8　16進数の各位の重み

また，16進法の各位の数字は0以上15以下の16個の整数であるが，0〜9のアラビア数字だけでは足りないため，10以上15以下の場合，10をA，11をB，12をC，13をD，14をE，15をFとした英字（a〜fの小文字でも可）を数字として用いる。そのため，日常，10進数を用いている私たちには見慣れないABC$_{(16)}$のような16進数の数もある。

図2-9に，10進数，2進数，8進数，16進数の対応を示す。ここで，ちょうど2進数の3桁までが8進数の1桁に，また2進数の4桁までが16進数の1桁になることに注意されたい。これを利用して，2進数を3桁や4桁に区切り，それぞれ8進数や16進数の1桁に置き換えることができる。こうすることで，桁数が多く見づらいといった問題を解消できる。

10進数	2進数	8進数	16進数
0	0	0	0
1	1	1	1
2	10	2	2
3	11	3	3
4	100	4	4
5	101	5	5
6	110	6	6
7	111	7	7
8	1000	10	8
9	1001	11	9
10	1010	12	A
11	1011	13	B
12	1100	14	C
13	1101	15	D
14	1110	16	E
15	1111	17	F
16	10000	20	10

図2-9 10進数，2進数，8進数，16進数の対応

2.5 10進数の基数変換

ある基数を用いて表現された数を，別の基数による表現に変換することを基数変換という。本節では，10進数を2進数，8進数，16進数に，また2進数，8進数，16進数を10進数に変換する方法を学習する。

2.5.1 10進数のn進数への基数変換

10進数をn進数に変換するには，10進数を次々とnで割っていき，出てきた余りを逆に並べる。

10進数を2進数に変換する場合，10進数を次々と2で割っていき，出てきた余りを逆に並べる。ここで，10進数250を2進数に変換する方法を図2-10に示す。結果，10進数250は11111010$_{(2)}$である。

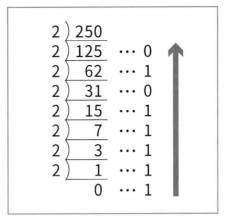

図2-10　10進数250の2進数への変換方法

　10進数を8進数に変換する場合，次々と8で割っていき，出てきた余りを逆に並べる。ここで，10進数250を8進数に変換する方法を**図2-11**に示す。結果，10進数250は372$_{(8)}$である。

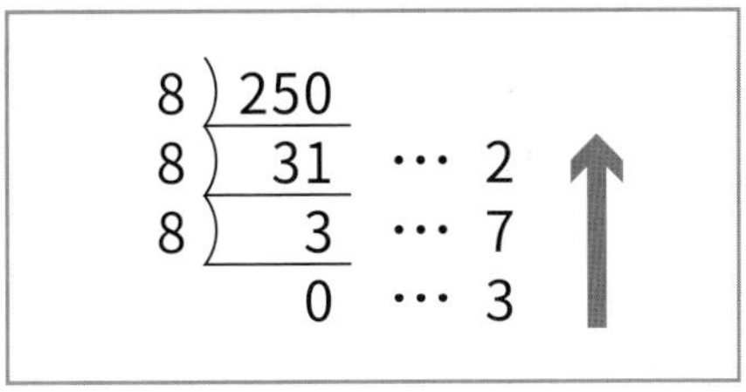

図2-11　10進数250の8進数への変換方法

　10進数を16進数に変換する場合，次々と16で割っていき，出てきた余りを逆に並べる。ここで，10進数250を16進数に変換する方法を**図2-12**に示す。結果，10進数250はFA$_{(16)}$である。

16進数で10はA，15はFを使うことに注意する

図2-12　10進数250の16進数への変換方法

例題2-2

10進数88を2進数，8進数，16進数に変換しなさい。

解説　10進数88を2進数，8進数，16進数に変換するには，それぞれ2や8や16で88を割っていき，出てきた余りを逆に並べればよい。

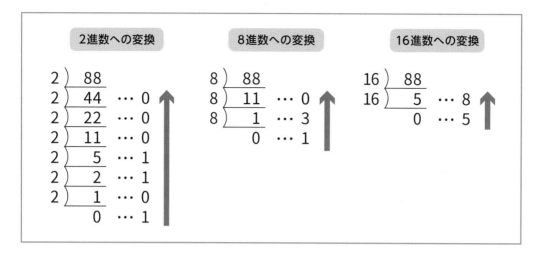

解答 1011000₍₂₎, 130₍₈₎, 58₍₁₆₎

2.5.2 n 進数の 10 進数への基数変換

n 進数の各位の数値に各位の重みを掛けた数の総和を求めることで 10 進数に変換できる。これを 2 進数, 8 進数, 16 進数の例で確認する。

2 進数 101 を基数記数法で表すと, $1 \times 2^2 + 0 \times 2^1 + 1 \times 2^0$ である。これを計算すると 10 進数の 5 になる(**図2-13**参照)。すなわち 2 進数の場合は, 1 が置かれた位の重みの総和を求めることが, 10 進数に変換する手順になる。

```
   1    0    1         1×2²+0×2¹+1×2⁰=5
   :    :    :         すなわち2進数101は10進数の5
   2²   2¹   2⁰
```

図 2-13 2 進数 101 の 10 進数への変換方法

同様に, 8 進数 101 を基数記数法で表すと, $1 \times 8^2 + 0 \times 8^1 + 1 \times 8^0$ である。これを計算すると 10 進数の 65 になる(**図2-14**参照)。

```
   1    0    1         1×8²+0×8¹+1×8⁰=65
   :    :    :         すなわち8進数101は10進数の65
   8²   8¹   8⁰
```

図 2-14 8 進数 101 の 10 進数への変換方法

16 進数 AFE を基数記数法で表すと, $A \times 16^2 + F \times 16^1 + E \times 16^0$ である。これを計算すると 10 進数の 2814 になる(**図2-15**参照)。

```
    A   F   E
    ⋮   ⋮   ⋮        10×16² + 15×16¹ + 14×16⁰ = 2814
   16² 16¹ 16⁰       すなわち16進数AFEは10進数の2814
```

図2-15 16進数AFEの10進数への変換方法

例題2-3

2進数11101，8進数77，16進数ABCを，それぞれ10進数に変換しなさい。

解説 各位の数値に各位の重みを掛けた数の総和を求めればよい。
$11101_{(2)} = 1 \times 2^4 + 1 \times 2^3 + 1 \times 2^2 + 1 \times 2^0 = 16 + 8 + 4 + 1 = 29$
$77_{(8)} = 7 \times 8^1 + 7 \times 8^0 = 56 + 7 = 63$
$ABC_{(16)} = A \times 16^2 + B \times 16^1 + C \times 16^0 = 10 \times 16^2 + 11 \times 16^1 + 12 \times 16^0 = 2560 + 176 + 12 = 2748$

解答 29, 63, 2748

2.6 2進数の8進数，16進数への基数変換

本節では，2進数を8進数，16進数に変換する方法を学習する。

2.6.1 2進数の8進数への基数変換

2進数を8進数に変換するには，2進数をいったん10進数に変換（2.5.2項参照）した後，その10進数を8進数に変換（2.5.1項参照）すればよい。

本項では，2進数3桁が8進数1桁である（図2-9参照）ことを利用して変換する方法を学習する。具体的には，2進数を右の桁から3桁ずつ区切り，それぞれを8進数1桁に置き換える。ここで，2進数11111010を8進数に変換する方法を図2-16に示す。

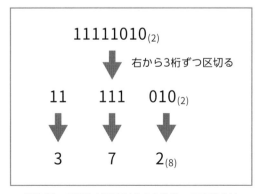

図2-16 2進数11111010の8進数への変換方法

2.6.2　2進数の16進数への基数変換

2進数4桁が16進数1桁である（図2-9参照）ことを利用する。すなわち，2進数を右の桁から4桁ずつ区切り，それぞれを1桁の16進数に置き換える。ここで，2進数11111010を16進数に変換する方法を**図2-17**に示す。

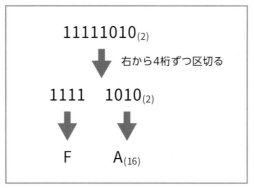

図2-17　2進数11111010の16進数への変換方法

例題 2-4

2進数1101011を8進数，16進数に変換しなさい。

解説　2進数を8進数に変換するには，2進数の右の桁から3桁ずつ区切り，それぞれを8進数1桁に置き換える。また，2進数を16進数に変換するには，2進数の右の桁から4桁ずつ区切り，それぞれを16進数1桁に置き換えればよい。

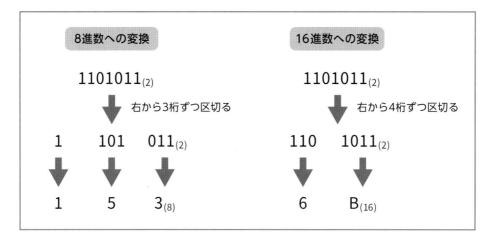

解答　153$_{(8)}$，6B$_{(16)}$

これまでに学習した変換方法を，**図2-18**に示す。

なお，図2-18に記されていない8進数から2進数への変換は，8進数1桁ずつを3桁の2進数に置き換え，16進数から2進数への変換は，16進数1桁ずつを4桁の2進数に置き換えればよい。

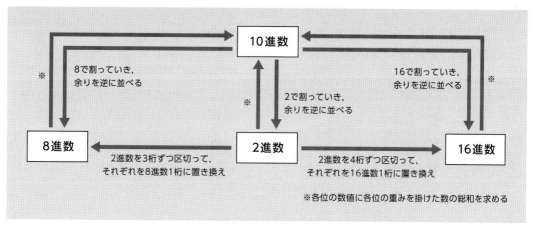

図2-18 2進数,8進数,10進数,16進数の基数変換のまとめ

2.7 2進数の四則演算

2.7.1 2進数の加算,減算,乗算

2進数の加算,減算,乗算では,**図2-19**に示す計算が基本となる。

```
    0       0       1       1
  + 0     + 1     + 0     + 1
  ───     ───     ───     ────
    0       1       1      10

    0       1       1      10
  - 0     - 0     - 1     - 1
  ───     ───     ───     ───
    0       1       0       1

    0       0       1       1
  × 0     × 1     × 0     × 1
  ───     ───     ───     ───
    0       0       0       1
```

図2-19 2進数1桁の加算・減算・乗算

2.7.2 2進数の加算

2進数の加算は,4パターンのみであるのに対し,10進数の加算は10進数では10種類の文字(数字)を使うために,0+0,0+1,…,9+9の100通り存在することになる。加算を行う加算回路を実現する場合,2進数を使えばわずか4通りで済む。こうした点もコンピュータで2進数を使用するメリットである。

2進数の加算の具体例として,$11_{(2)} + 01_{(2)}$を計算する(**図2-20**参照)。

```
                11
11₍₂₎ + 01₍₂₎ の計算  ▶   + 01
               100
```

図2-20　2進数の加算例

例題2-5

図2-20を確認した後，1111₍₂₎ + 111₍₂₎ を計算しなさい。

解説 2進数の加算では，1 + 1 = 10となる桁の繰り上がりに注意して計算する。

```
    1111
+    111
   10110
```

解答 10110₍₂₎

2.7.3　2進数の減算

2進数の減算の具体例として，10₍₂₎ − 01₍₂₎ を計算する（**図2-21**参照）。

```
                10
10₍₂₎ − 01₍₂₎ の計算  ▶   − 01
                01
```

図2-21　2進数の減算例

減算の場合，桁借りに注意する。**図2-22**に示すように，10進数の場合は10を，2進数の場合は2を上位桁から借りてくる。

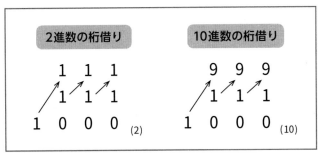

図2-22　10進数と2進数の桁借り

2.7 2進数の四則演算

例題 2-6

図2-21と図2-22を確認後，1000₍₂₎ − 11₍₂₎ を計算しなさい。

解説 2進数の減算では，桁借りに注意して計算する。

```
   1000
 −   11
    101
```

解答 101₍₂₎

2.7.4 2進数の乗算

2進数の乗算の具体例として，101₍₂₎ × 11₍₂₎ を計算する（図2-23参照）。

101₍₂₎ × 11₍₂₎ の計算 ▶
```
    101
 ×   11
    101
   101
   1111
```

図2-23　2進数の乗算例

例題 2-7

図2-23を確認後，1111₍₂₎ × 10₍₂₎ を計算しなさい。

解説 次のように計算する。

```
    1111
 ×    10
    0000
   1111
   11110
```

解答 11110₍₂₎

2.7.5 2進数の除算

2進数の除算の具体例として，$1001_{(2)} ÷ 11_{(2)}$を計算する（図2-24参照）。除算は，乗算と減算を組み合わせて行う。

```
                           11
1001(2) ÷ 11(2) の計算  ▶  11 ) 1001
                              11
                              ──
                               11
                               11
                               ──
                                0
```

図2-24　2進数の除算例

例題2-8

図2-24を確認後，$1100_{(2)} ÷ 100_{(2)}$を計算しなさい。

解説 次のように計算する。

```
          11
100 ) 1100
      100
      ───
       100
       100
       ───
         0
```

解答 $11_{(2)}$

2.8 シフト演算

10進数の場合，1桁左にずらすと10倍したことになり，1桁右にずらすと10^{-1}（＝10分の1）倍したことになる。このように各桁をずらして空いた桁に0を置く演算をシフト演算という。

2進数の場合，1桁左にずらすと2倍したことになり，1桁右にずらすと2^{-1}（＝2分の1）倍したことになる（図2-25参照）。8進数，16進数でも同様に考えればよい。

2.9 n進法の小数

2.9.1 n進法の小数点以下の位の重み

n進法では，小数点以下の位の重みはn^{-1}, n^{-2}, n^{-3}, …となる（**図2-26**参照）。

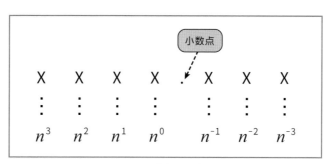

図2-26 n進法での位の重み

具体的に，10進数の0.123を考える。

10進数の0.123は，$1 \times 10^{-1} + 2 \times 10^{-2} + 3 \times 10^{-3} = 0.1 + 0.02 + 0.003$を意味している。すなわち10進数では，小数点以下の位の重みは10^{-1}, 10^{-2}, 10^{-3}, …である。

2.9.2 小数の2進数の10進数への基数変換

小数の2進数を10進数に変換するには，整数と同様の手順で，1が置かれた位の重みの総和を求める。2進数では，小数点以下の位の重みは2^{-1}, 2^{-2}, 2^{-3}, …である。したがって，例えば2進数0.1101は次のようになる。

例 $0.1101_{(2)} = 2^{-1} + 2^{-2} + 2^{-4} = 0.5 + 0.25 + 0.0625 = 0.8125_{(10)}$

2.9.3 小数の16進数の10進数への基数変換

16進数では，小数点以下の位の重みは16^{-1}, 16^{-2}, 16^{-3}, …である。例えば16進数AB.CDのように整数部と小数部の両方がある場合には，両方の和を求める。

例　AB.CD$_{(16)}$ = 10 × 16^1 + 11 × 16^0 + 12 × 16^{-1} + 13 × 16^{-2}
　　　　　　 = 160 + 11 + 0.75 + 0.05078125 = 171.80078125$_{(10)}$

例題2-9

16進数1F.Cを10進数に変換しなさい。

解説 1F.C$_{(16)}$ = 1 × 16^1 + 15 × 16^0 + 12 × 16^{-1} = 16 + 15 + 0.75 = 31.75$_{(10)}$

解答 31.75

2.9.4 小数の10進数の2進数への基数変換

10進数0.8125を2進数に変換する方法を**図2-27**に示す。整数部を含まない小数点以下の部分を2倍して整数部を求めていき、それを上から順に小数点以下の位に並べればよい。したがって、10進数0.8125は2進数の0.1101となる。

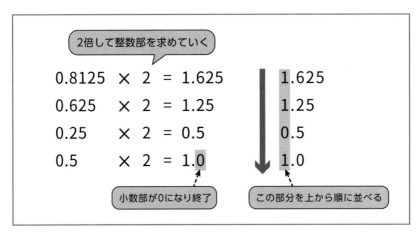

図2-27　10進小数の2進数への変換方法

一般に、10進数の小数をn進数に変換する場合には、整数部を含まない小数点以下の部分をn倍して整数部を求めていき、それを上から順に小数点以下の位に並べればよい。

例題2-10

10進数0.375を2進数、8進数、16進数に変換しなさい。

解説 10進数の小数を2進数、8進数、16進数に変換する場合には、整数部を含まない小数点以下の部分をそれぞれ2倍、8倍、16倍して整数部を求めていき、それを上から順に小数点以下の位に並べればよい。

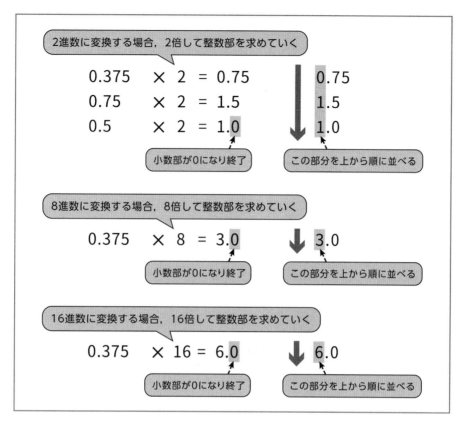

解答 $0.011_{(2)}, 0.3_{(8)}, 0.6_{(16)}$

2.9.5 2進数の小数の8進数, 16進数への基数変換

次に, 2進数の小数を, 8進数や16進数に変換する場合を考える。

2.6.1項や2.6.2項では, 2進数を8進数に変換する場合は2進数を3桁ずつ区切り, それぞれを8進数1桁に置き換え, 2進数を16進数に変換する場合は2進数を4桁ずつ区切り, それぞれを16進数1桁に置き換える方法を学習した。

2進数の小数も同様の方法で変換できる。ただし, 小数部が3桁あるいは4桁にならない場合には, 小数部の最後に0を追加して3桁, あるいは4桁にする点に注意されたい。

例として, $0.11_{(2)}$を取り上げる。

8進数への変換は, まず小数部を3桁に区切る。しかしこの場合, 3桁に不足するので一番右の桁に0を加えて3桁にする。そして2進数3桁を8進数1桁に置き換える(**図2-28**参照)。

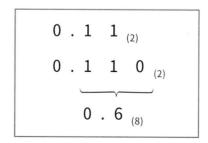

図2-28 2進小数の8進数への変換方法

第2章 デジタルデータと2進数

16進数への変換は，小数部を4桁に区切る。しかしこの場合，4桁に不足するので一番右の桁に0を加えて4桁にする。そして2進数4桁を，16進数1桁に置き換える（**図2-29**参照）。

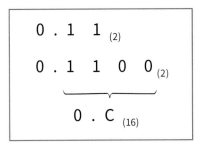

図2-29 2進小数の16進数への変換方法

例題2-11

2進数0.1を8進数，16進数に変換しなさい。

解説 8進数への変換は，2進数の小数部を3桁に区切り，2進数3桁を8進数1桁に置き換える。16進数への変換は，小数部を4桁に区切り，2進数4桁を16進数1桁に置き換える。ただし，小数部が3桁や4桁に不足する場合には一番右の桁に0を加える。

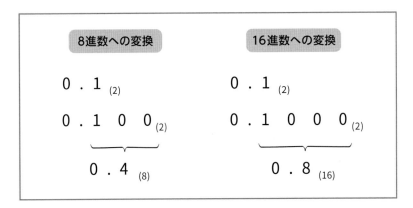

解答 $0.4_{(8)}$，$0.8_{(16)}$

2.10 2の補数を利用した負数の表現

2.10.1 10進数の補数

10進数には9の補数と10の補数の2つがある（n進数には，nの補数と$n-1$の補数がある）。補数は元の数との関係で定義されるものである。

元の数＋9の補数＝999…99となるのが9の補数である。9の補数の例を示す。

例 123 ＋ 876 ＝ 999
（元の数）（9の補数）

すなわち，10進数123の9の補数は876である。

一方，10の補数は9の補数＋1（9の補数に1を加算）である。すなわち，元の数＋10の補数＝1000…00となるのが10の補数である。10の補数の例を示す。

例 　123 ＋ 877 ＝ 1000
　　　（元の数）（10の補数）

すなわち，10進数123の10の補数は877である。

例題2-12

10進数430の9の補数と10の補数を求めなさい。

解説 3桁の10進数430に足すことで999となるのが9の補数であり，1000となるのが10の補数である。

解答 9の補数569，10の補数570

2.10.2 2進数の補数

2進数には1の補数と2の補数の2つがある。

元の数＋1の補数＝111…11となるのが1の補数である。1の補数の例を示す。

例 　101 ＋ 010 ＝ 111
　　　（元の数）（1の補数）

すなわち，2進数101の1の補数は010である。

2進数の1の補数を求めるには，元の数のビットを反転（0を1に，1を0に置き換え）する。

一方，2の補数は1の補数＋1（1の補数に1を加算）である。すなわち，元の数＋2の補数＝1000…00となるのが2の補数である。2の補数の例を示す。

例 　101 ＋ 011 ＝ 1000
　　　（元の数）（2の補数）

すなわち，2進数101の2の補数は011である。

図2-30に，5ビットで表された2進数00100の1の補数（11011）と2の補数（11100）を示す。

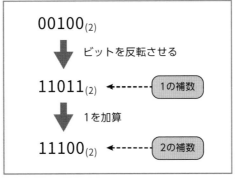

図2-30　2進数の1の補数と2の補数の求め方

例題 2-13

4ビットの2進数0101の1の補数と2の補数を求めなさい。

解説 4ビットの2進数0101に足すことで1111となるのが1の補数であり，10000となるのが2の補数である。

解答 1の補数1010，2の補数1011

2.10.3 補数を利用した負数の表現

コンピュータ内部では，1つの数を記憶するために使用するビット数をあらかじめ決めている。多くは16ビットや32ビットを使用しているが，ここでは仮に4ビットを使用するものとする。

4ビットの2進数を1010とした場合，2の補数は0110である（1の補数0101＋1による）。ここで2進数の元の数1010と2の補数0110を足すと10000となるが，4ビットで数を記憶している場合，桁あふれによって0000となる。すなわち，元の数＋2の補数＝0の関係が成り立っている。この式を変形すると，2の補数＝－(元の数)となり，この式が2の補数を利用して負数を表現することを示している。

2.10.4 表現可能な整数の範囲

ここでは4ビットで表現できる数値の範囲を考えてみる。4ビットで表現できるのは「0000」から「1111」の16通りである。0と正数を表す場合には，0～15の16個の数を表現できる。

一方，負数を含めて表す場合には，16通りの半分が負数になるため，「－1」～「－8」の8個の負数と「0」～「7」までの8個の数を表現できる（図 2-31 参照）。なお，負数を表す場合，最上位ビットが1であることに注意されたい。

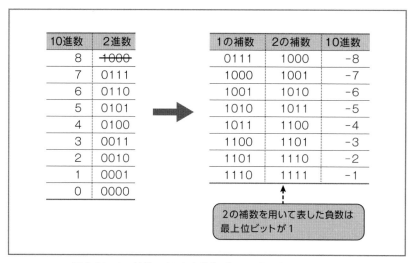

図 2-31 2の補数で表した負数(4ビットで数を表現した場合)

例題2-14

負の整数を2の補数で表現するとき，8桁の2進数で表現できる数値の範囲を10進数で表したものはどれか。　　　　　　　　　　　　　　　　(平成24年度 春期 ITパスポート試験 問52)

　　ア．−256〜255　　　イ．−255〜256　　　ウ．−128〜127
　　エ．−127〜128

解説 8ビットで表現できるのは「00000000」から「11111111」の256通りである。0と正数を表す場合には，0〜255までの256個の数を表現できる。一方，負数を含めて表す場合には，符号を最上位ビットで表し，最上位ビットが0のときに0か正数，1のときに負数とする。このような場合，「−1」〜「−128」の128個の負数と，「0」〜「127」までの128個の数を表現できる（図2-32参照）。正数の範囲は，負数の範囲よりも1つ小さいことに注意されたい。

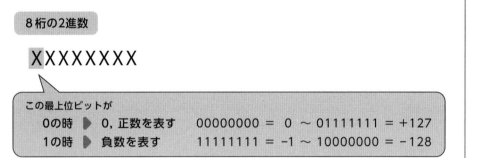

図2-32　8ビットで表現できる数値の範囲（負数を含めた場合）

解答　ウ

2.11 補数を用いた減算

　補数を用いることで減算を加算で行える。これは，A−Bの計算をA＋(−B)と変形して計算することである。

　まず10進数で考える。例えば，減算44−44は加算44＋(−44)として考えることができる。44の10の補数は56であり，これを44に足すと44＋56＝100となり，桁上がりを無視すれば，44＋56は44＋(−44)と同じ結果が得られる。すなわち，10進数の減算は10の補数を用いた加算に変形して行うことができる。

　2進数でも2の補数を用いて同様に行うことができる。具体例として，次の5ビットの2進数の減算を，2の補数を用いた負数による加算で行うことを考える。

$10000_{(2)} - 01010_{(2)}$

上の式を次のように変形する。

$10000_{(2)} + (-01010_{(2)})$

ここで，2進数01010の2の補数は10110であるので，これを10000に加算すればよい（**図2-33**参照）。

補数を用いることで，減算，乗算，除算もすべて加算回路のみで実現できる。

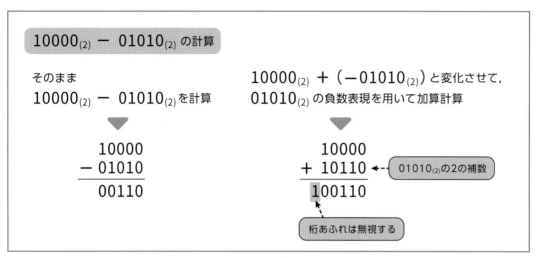

図2-33 減算を加算で行う方法

例題 2-15

2進数減算10000 − 00011を，補数を用いて行いなさい。

解説 2進数減算10000 − 00011は，そのまま計算すると桁借りが非常に面倒であるが，減算の式を $10000_{(2)} + (-00011_{(2)})$ に変形し，$00011_{(2)}$ を2の補数の負数表現に変換して加算すれば容易に計算できる。

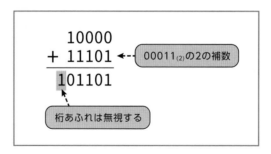

解答 $1101_{(2)}$

2.12 数の補助単位

長さを表すm（メートル）の単位では，数が大きくなればkm（キロメートル），小さくなればmm（ミリメートル）などを使って表すことがある。こうしたk（キロ）やm（ミリ）などを補助単位という。コンピュータが扱う情報量を表す場合にも補助単位が用いられる。

2.12.1 大きな数を表す補助単位

コンピュータの記憶容量は一般にバイト数で表される。記憶容量は年々増大しているため、非常に大きな数値で表す必要がある。こうした場合に用いる補助単位が、k（キロ）、M（メガ）、G（ギガ）、T（テラ）、P（ペタ）である（**図2-34**参照）。

単位の記号	意味	2^nの記憶容量との関係
1k（キロ）バイト	10^3バイト	$10^3 \approx 2^{10}$バイト
1M（メガ）バイト	10^6バイト	$10^6 \approx 2^{20}$バイト
1G（ギガ）バイト	10^9バイト	$10^9 \approx 2^{30}$バイト
1T（テラ）バイト	10^{12}バイト	$10^{12} \approx 2^{40}$バイト
1P（ペタ）バイト	10^{15}バイト	$10^{15} \approx 2^{50}$バイト

図2-34 記憶容量に使われる補助単位

2.12.2 小さな数を表す補助単位

コンピュータの処理速度は一般に時間（秒）で表される。処理速度は年々高速化しているため、非常に小さな数値で表す必要がある。こうした場合に用いる補助単位が、m（ミリ）、μ（マイクロ）、n（ナノ）、p（ピコ）、f（フェムト）である（**図2-35**参照）。

単位の記号	意味
1m（ミリ）秒	10^{-3}秒
1μ（マイクロ）秒	10^{-6}秒
1n（ナノ）秒	10^{-9}秒
1p（ピコ）秒	10^{-12}秒
1f（フェムト）秒	10^{-15}秒

図2-35 処理速度に使われる補助単位

2.13 文字表現

コンピュータ内部では、文字や記号の1つ1つに異なる2進数のビットパターンが割り当てられており、これを文字コードという。文字コードの種類には、日本語を扱うJISコードやシフトJISコード、UNIXやWebページなどで使われているEUC（Extended UNIX Code）、世界中の言語表示に対応したUnicodeなどがある。同じ文字でも文字コードの種類によって異なる数値が割り当てられている。標準化された文字コードには、1文字を7ビットあるいは8ビットで表現する1バイト系の文字コードと、16ビットで表現する2バイト系の文字コードが存在する。

一般にnビットの文字コードは、2^n個の文字を表現できる。例えば7ビットあれば2^7個、すなわち128個の文字を表現できる。

図2-36に、日本工業規格（JIS）が定めたJISコードの一部を示す。図中の上位4ビットは8ビットの文字コードのうちの左半分の4ビット、下位4ビットは右半分の4ビットである。

第2章 デジタルデータと2進数

例えば，文字「A」は上位ビットが「0100」，下位ビットが「0001」であるので，「A」のコードは「01000001」であることがわかる。

		上位4ビット				
		...	0011	0100	0101	0110	...
下位4ビット	0000		0	@	P	`	
	0001		1	A	Q	a	
	0010		2	B	R	b	
	0011		3	C	S	c	
	0100		4	D	T	d	
	0101		5	E	U	e	
	0110		6	F	V	f	
	0111	...	7	G	W	g	...
	1000		8	H	X	h	
	1001		9	I	Y	i	
	1010		:	J	Z	j	
	1011		;	K	[	k	
	1100		<	L	¥	l	
	1101		=	M	]	m	
	1110		>	N	^	n	
	1111		?	O	_	o	

図2-36 JISコード体系表(一部)

例題 2-16

英字の大文字（A～Z）と数字（0～9）を同一のビット数で一意にコード化するには，少なくとも何ビットが必要か。
(平成24年度 秋期 基本情報技術者試験 午前 問4)

ア．5　　　イ．6　　　ウ．7　　　エ．8

[解説] 英字の大文字（A～Z）は26種類，数字（0～9）は10種類，合計36種類を表すことができればよい。

1ビットでは2種類，2ビットでは4種類，3ビットでは8種類，4ビットでは16種類，5ビットでは32種類，6ビットでは64種類表すことができるので，36種類を表す場合には5ビットでは不足し，6ビットあれば十分である。

[解答] イ

2.14 論理演算

0と1のビットデータを用いて,「かつ」や「または」などの論理演算を行うことができる。

基本的な論理演算には,論理積(AND),論理和(OR),否定(NOT)の3つがある。論理演算では,ある条件が真のときに1,偽のときに0とする。こうした条件の真偽を1と0に対応させたときの1と0を論理値という。

(1) 論理積

論理積(AND)は,2つの条件がともに真のときのみ,結果が真となる演算である。条件AとBの論理積を「A AND B」と表す。

例えば,**図2-37**に示す回路を考える。スイッチAとBがともにONの状態でないと電球Cは点灯しない。スイッチがONの状態が1でOFFの状態が0,電球が点灯している状態が1で点灯していない状態が0と考えれば,この関係は図2-37中の表のようになり,論理積を意味している。

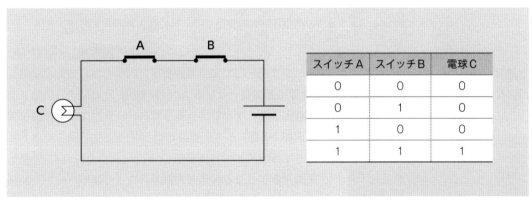

図2-37 論理積を表す回路

条件AとBの真偽の組合せ4通りの論理積の演算結果を**図2-38**に示す。このような表を真理値表という。

A	B	A AND B
0	0	0
0	1	0
1	0	0
1	1	1

図2-38 論理積の真理値表

(2) 論理和

論理和(OR)は,2つの条件のうち1つでも真ならば,結果が真となる演算である。条件AとBの論理和を「A OR B」と表す。

例えば,**図2-39**のような回路を考える。スイッチAとBのどちらか一方がONの状態であれば電球Cは点灯する。スイッチがONの状態が1でOFFの状態が0,電球が点灯している状態が1で点灯していない状態が0と考えれば,この関係は図2-39中の表のようになり,論理和を意味している。

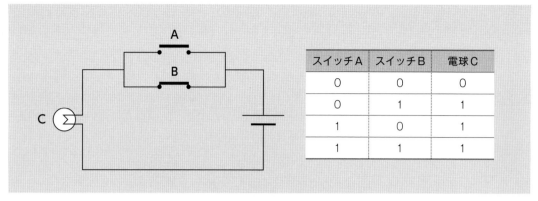

図2-39 論理和を表す回路

OR演算の真理値表を**図2-40**に示す。

A	B	A OR B
0	0	0
0	1	1
1	0	1
1	1	1

図2-40 論理和の真理値表

(3) 否定

否定（NOT）は，ある条件が真のときに結果を偽とし，偽のときに結果を真とする演算である。NOT演算の真理値表を**図2-41**に示す。

A	Aの否定
0	1
1	0

図2-41 否定の真理値表

(4) 排他的論理和

排他的論理和（XORあるいはEOR）は，2つの条件の真，偽が異なっていれば，結果が真となり，2つの条件の真，偽が同じであれば，結果が偽となる演算である。条件AとBの排他的論理和を「A XOR B」と表す。XOR演算の真理値表を**図2-42**に示す。

A	B	A XOR B
0	0	0
0	1	1
1	0	1
1	1	0

図2-42 排他的論理和の真理値表

論理値の演算は，イギリスの数学者ジョージ・ブールによって考案されたので，ブール代数と呼ばれている。コンピュータの設計にブール代数を取り入れることで，わずか3つのAND, OR, NOTの回路の組合せで，様々な計算ができるようになった。

第1章で学習したように，1940年代に完成したコンピュータの原理，すなわち2進数で表されたデータやプログラムをメモリに読み込み，それらをブール代数に基づく論理回路で逐次処理する方式は，いまだにほとんどのコンピュータにおいて用いられている。

例題 2-17

札幌にある日本料理の店と函館にある日本料理の店をまとめて探したい。検索条件を表す論理式はどれか　　　　　　　　　　　　　　　　　　　　　　(平成24年度 春期 ITパスポート試験 問69)

　　ア．("札幌" AND "函館") AND "日本料理"
　　イ．("札幌" AND "函館") OR "日本料理"
　　ウ．("札幌" OR "函館") AND "日本料理"
　　エ．("札幌" OR "函館") OR "日本料理"

解説 検索条件は，(「札幌にある」または「函館にある」) かつ「日本料理の店」であり，"または"はOR，"かつ"はANDで表せばよい。

解答 ウ

2.15 論理回路

2.15.1 リレー (継電器)

コンピュータの演算は，論理演算を行う論理回路を組み合わせて実現されている。論理回路の基になるものがリレーである。リレーは，1つの回路の電流を断続させたり向きを変えたりして，他の回路のスイッチの開閉を自動的に行う装置である。電磁石の原理を用いた最も基本的なリレーを図2-43に示す。一方の回路 (回路1) に電気を流すと電磁石が作動して，他の回路 (回路2) のスイッチが閉じられることで電球が点灯する。

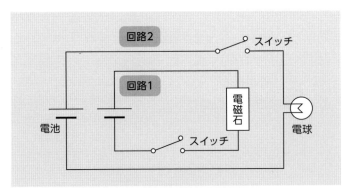

図2-43　電磁石を用いたリレー

コンピュータの論理回路に，電磁石，真空管，トランジスタを用いる場合，それらは全く同じ働き，すなわちリレーとしての機能を果たしている。

2.15.2　リレーによる論理回路の実現

リレーを組み合わせることで，AND，OR，NOTの論理回路を実現できる。**図2-44**にAND回路，**図2-45**にOR回路，**図2-46**にNOT回路を示す。

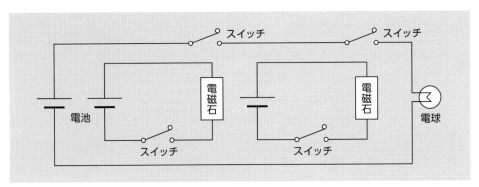

図2-44　リレーによるAND回路

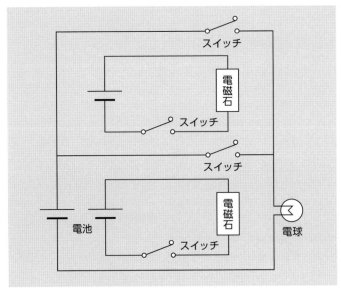

図2-45　リレーによるOR回路

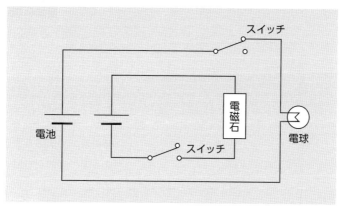

図2-46　リレーによるNOT回路

2.16 集合

2.16.1 集合とは

集合の理論は，コンピュータに関連した領域，例えばプログラミングの選択条件や情報検索の領域（「かつ」や「または」の組合せ）などで用いられている非常に身近なものである。

集合は，範囲がはっきりしたものの集まりである。したがって，「1から5までの自然数の集まり」は集合だが，「小さい数の集まり」は集合ではない。

集合には普通，アルファベットの大文字で「集合A」，「集合B」のように名前をつける。集合を構成している1つ1つのものを，その集合の要素といい，これはアルファベットの小文字で書く。

aが集合Aの要素であるとき，「aは集合Aに属する」といい，記号で$a \in A$と表す。また，bが集合Aの要素でないことを，記号で$b \notin A$と表す。

2.16.2 集合の表し方

集合の表し方には，{ }の中にその要素を書き並べる方法（外延的記法）と，要素の代表をnなどで表し，{ }の中の縦線の右に，nの満たす条件を書く方法（内包的記法）がある。

例 2から8までの偶数全体の集合A

(1) すべての要素を書き並べる方法

$A = \{2, 4, 6, 8\}$

(2) 要素の満たす条件を書く方法

$A = \{2n \mid 1 \leq n \leq 4, n\text{は整数}\}$

2.16.3 2つの集合の関係

図2-47のとき，集合Bは集合Aの部分集合である。このとき，BはAに含まれるといい，記号で$B \subset A$と表す。なお，図2-47のように集合同士の関係を視覚的に表現する図をベン図（Venn diagram）という。

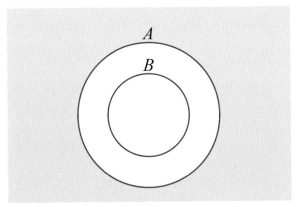

図2-47　部分集合

図2-48の網掛け部は，集合Aにも集合Bにも属する要素の集合を示す。この部分をAとBの共通部分といい，記号で$A \cap B$と表す（∩は「キャップ」，あるいは「交わり」という）。

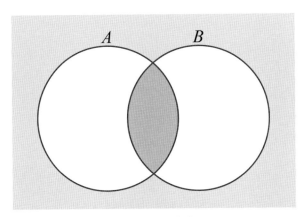

図2-48　共通部分

図2-49の網掛け部は，集合Aか集合Bの少なくとも一方に属する要素の集合を示す。この部分をAとBの和集合といい，記号で$A \cup B$と表す（∪は「カップ」，あるいは「結び」という）。

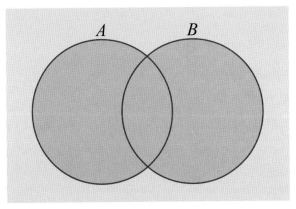

図2-49　和集合

以上のような$A \cap B$や$A \cup B$は，いわば集合と集合の「掛け算」「足し算」のような意味をもっており，様々な集合についての「計算」を行う際の重要な概念となる。

2.16.4 補集合

考えているものすべての集合を全体集合という。図2-50のUが全体集合，網掛け部は，全体集合Uの部分集合Aに対して，Aに属さない要素の集合を示す。この部分をAの補集合といい，記号で$\overline{A}$と表す（$\overline{A}$はAバーと読む）。

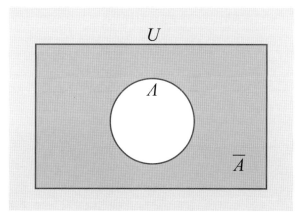

図2-50 全体集合と補集合

第2章　演習問題

2.1 次の表の(ア)〜(シ)を求めなさい。

10進数	2進数	8進数	16進数
170	(ア)	(イ)	(ウ)
(エ)	0.111	(オ)	(カ)
(キ)	(ク)	125.6	(ケ)
(コ)	(サ)	(シ)	FA

2.2 2進数10110を3倍したものはどれか。

（平成21年度 春期 ITパスポート試験 問64）

ア．111010　　イ．111110　　ウ．1000010　　エ．10110000

2.3 8進数の55を16進数で表したものはどれか。

（平成21年度 秋期 ITパスポート試験 問64）

ア．2D　　イ．2E　　ウ．4D　　エ．4E

第2章 デジタルデータと2進数

2.4 16進数のA3は10進数でいくらか。

(平成24年度 秋期 ITパスポート試験 問79 改変)

ア．103　　　イ．153　　　ウ．163　　　エ．179

2.5 2進数1.101を10進数で表現したものはどれか。

(平成22年度 春期 ITパスポート試験 問52)

ア．1.2　　　イ．1.5　　　ウ．1.505　　　エ．1.625

2.6 2進数に変換したとき，有限小数で表現できる10進数はどれか。

(平成24年度 秋期 ITパスポート試験 問66)

ア．0.1　　　イ．0.2　　　ウ．0.4　　　エ．0.5

2.7 次の計算は，何進法で成立するか。

(平成18年度 春期 基本情報技術者試験 午前 問2)

（計算）　131－45＝53

ア．6　　　イ．7　　　ウ．8　　　エ．9

2.8 5進数の32は，10進数でいくらか。

2.9 10進数の2，5，10，21を，5つの升目の白黒で次のように表す。

```
 2   □□□■□
 5   □□■□■
10   □■□■□
21   ■□■□■
```

それぞれの升目が白のときは0，黒のときは升目の位置によってある決まった異なる正の値を意味する。この5つの升目の値を合計して10進数を表すものとすると，■■□□□が表す数値はどれか。

(平成23年度 秋期 ITパスポート試験 問72 改変)

ア．12　　　イ．20　　　ウ．24　　　エ．30

2.10 所属するグループおよび個人の属性情報によって，人事ファイルへのアクセスをコントロールするシステムがある。人事部グループの属性情報と，そこに所属する4人の個人の属性情報が次の条件の場合，人事ファイルを参照または更新可能な人数の組合せはどれか。

(平成21年度 春期 ITパスポート試験 問62 改変)

[条件]
(1) 属性情報は3ビットで表される。
(2) 各ビットは，左から順に参照，更新，追加・削除に対応し，1が許可，0が禁止を意味する。
(3) グループの属性情報は，個人の属性情報が登録されていない場合にだけ適用される。
(4) グループと個人の属性情報は次のとおりとする。

　　人事部グループ：110
　　Aさん：100　　　Bさん：110　　　Cさん：001　　　Dさん：未登録

	参照可能な人数	更新可能な人数
ア	2	1
イ	2	2
ウ	3	1
エ	3	2

2.11 "甘味"，"うま味"，"塩味"，"酸味"，"苦味"の5種類の味覚を，6ビット（2進数で6桁）の数値で符号化する。これらを組み合わせた複合味を，数値の加減算で表現できるようにしたい。例えば，"甘味"と"酸味"を組み合わせた"甘酸っぱい"という複合味の符号を，それぞれの数値を加算して表現するとともに，逆に"甘酸っぱい"から"甘味"成分を取り除いた"酸味"を減算で表現できるようにしたい。味覚の符号として，適切なものはどれか。

(平成21年度 秋期 ITパスポート試験 問60 改変)

	甘味	うま味	塩味	酸味	苦味
ア	000000	000001	000010	000011	000100
イ	000001	000010	000011	000100	000101
ウ	000001	000010	000100	001000	010000
エ	000001	000011	000111	001111	011111

2.12 データ量の大小関係のうち，正しいものはどれか。

(平成23年度 秋期 ITパスポート試験 問78)

ア．1kバイト ＜ 1Mバイト ＜ 1Gバイト ＜ 1Tバイト
イ．1kバイト ＜ 1Mバイト ＜ 1Tバイト ＜ 1Gバイト
ウ．1kバイト ＜ 1Tバイト ＜ 1Mバイト ＜ 1Gバイト
エ．1Tバイト ＜ 1kバイト ＜ 1Mバイト ＜ 1Gバイト

第2章 デジタルデータと2進数

2.13 2バイトで1文字を表すとき，何種類の文字まで表せるか。

(平成25年度 秋期 ITパスポート試験 問76)

ア．32,000　　イ．32,768　　ウ．64,000　　エ．65,536

2.14 "男性のうち，20歳未満の人と65歳以上の人"に関する情報を検索するための検索式として，適切なものはどれか。

(平成25年度 秋期 ITパスポート試験 問54)

ア．男性　AND（20歳未満　AND　65歳以上）

イ．男性　AND（20歳未満　OR　65歳以上）

ウ．男性　OR（20歳未満　AND　65歳以上）

エ．男性　OR（20歳未満　OR　65歳以上）

2.15 2つの集合 A と B について，常に成立する関係を記述したものはどれか。ここで，$(X \cap Y)$ は，X と Y の共通部分（積集合），$(X \cup Y)$ は，X または Y の少なくとも一方に属する部分（和集合）を表す。

(平成22年度 春期 ITパスポート試験 問69 改変)

ア．$(A \cap B)$ は，A でない集合の部分集合である。

イ．$(A \cap B)$ は，A の部分集合である。

ウ．$(A \cup B)$ は，$(A \cap B)$ の部分集合である。

エ．$(A \cup B)$ は，A の部分集合である。

第3章 ハードウェア

　情報社会を支える基盤であるコンピュータは，ハードウェアとソフトウェアから成り立っている。ハードウェアという言葉には，金物という意味があり，機械的なものを指している。

　本章では，機械的な部分を主に，コンピュータの種類，基本構成と各々の機能，コンピュータシステムの構成などについて学習する。

3.1 コンピュータの種類

　コンピュータには様々なものがある。身近なものでは，パーソナルコンピュータ（Personal Computer：PC），携帯情報端末，タブレット型端末，ウエアラブル端末などがある。また，身近ではあるものの直接目にすることはない，エアコンや炊飯器，洗濯機，デジタルカメラなどの家庭電化製品に組み込まれているマイコン（マイクロコンピュータ）がある。さらに，企業などの組織では，サーバなどに用いられるワークステーション（PCよりも高性能のコンピュータ）や，汎用コンピュータなどがある。さらには，高度で複雑な科学技術計算を高速に行うスーパーコンピュータがある。

3.2 コンピュータの基本構成

　コンピュータを構成する基本的な装置とその機能，および具体例を**図3-1**に示す。入力，出力，記憶，制御，演算の5つの機能を，コンピュータの5大機能という。

名称	機能	具体例
制御装置	各装置の制御	CPU
演算装置	演算	
主記憶装置	処理中のプログラムやデータの一時的保管	メインメモリ
補助記憶装置	プログラムやデータの保管	ハードディスク（外部記憶装置）
入力装置	命令やデータの入力	キーボード，マウス
出力装置	データの表示・印刷	ディスプレイ，プリンタ

図3-1　コンピュータの5大装置（機能）

　5大装置間の制御とデータの流れを**図3-2**に示す。プロセッサ（CPU）は，主記憶装置や補助記憶装置，入出力装置と制御（命令）やデータのやり取りを行う。そのために用いる信号線をバスという。

第3章 ハードウェア

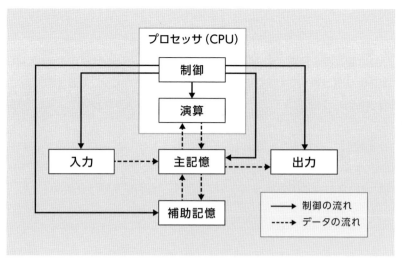

図3-2 5大装置間の制御とデータの流れ

例題3-1

コンピュータを構成する一部の機能の説明として，適切なものはどれか。

(平成21年度 秋期 ITパスポート試験 問72 改変)

ア．演算機能は制御機能の指示で演算処理を行う。

イ．演算機能は制御機能，入力機能および出力機能とデータの受渡しを行う。

ウ．記憶機能は演算機能に対して演算を依頼して結果を保持する。

エ．記憶機能は出力機能に対して記憶機能のデータを出力するように依頼を出す。

解説 イは演算機能がデータの受渡しを行うのは記憶機能であるため誤り。ウとエはある機能に対して依頼するのは制御機能であるため誤り。

解答 ア

3.3 入力装置

3.3.1 入力装置の種類

　入力装置(input device)は，コンピュータに対してデータの入力や指示(命令)を与える装置である。入力装置には，文字データを入力するキーボードや，画面上の位置を指定するポインティングデバイス，平板状のセンサを指でなぞって操作するタッチパッド，印刷物などのアナログ情報を取り込むスキャナなどがある。

3.3.2 ポインティングデバイス

(1) マウス
マウス(mouse)は，机上で操作して，画面上のマウスポインタを動かすポインティングデバイスである。マウス底面のボール(ボール式)や光センサ(光学式)によって，移動方向や移動量(距離)がコンピュータに伝えられる。

(2) タブレット
タブレット(tablet)は，専用のペン型の器具(スタイラスペン)を板状の装置の平面盤上で動かすことでコンピュータに座標を指定するポインティングデバイスである。ペンで描画する感覚で操作できるため，CAD(Computer Aided Design：コンピュータを利用した設計・製図)やイラストなどの図を描くために用いられる。

(3) タッチパネル
タッチパネル(touch panel)は，画面に直接触れて画面上の位置を指定することでコンピュータを操作するポインティングデバイスである。銀行の現金自動預払機(ATM)やスマートフォンなどの携帯情報端末などで用いられている。

(4) トラックパッド
トラックパッド(track pad)は，小型のパネルを指でなぞって画面上のマウスポインタを動かす平面状のポインティングデバイスである。ノートPCに組み込まれている(**図**3-3参照)。タッチパッド(touch pad)ともいう。

図3-3　ノートPCのトラックパッド

3.3.3 写真・画像やバーコードの読み込み装置

(1) イメージスキャナ
イメージスキャナ(image scanner)は，写真や文字などを画像データ(デジタルデータ)として読み込むための入力装置である(**図**3-4参照)。原稿に光をあてて，そこから反射した光の強弱をCCD(Charge Coupled Device：電荷結合素子。光を電気信号に変換する撮像素子)などの光センサを用いて検出する。

図3-4　イメージスキャナ

(2) バーコードリーダー

バーコードリーダー（bar code reader）は，バーコードを読み取る入力装置である（**図3-5**参照）。バーコードは，縦じま線の太さや間隔を変えて様々なデータを表す符号である。バーコードに光をあてて，反射光により情報を読み取る。代表的なバーコードには，JANコード（Japanese Article Number：ジャンコードと呼ばれる共通商品コード。商品に印刷・貼付されているバーコードの統一規格で，小売店のPOSシステムで利用）がある。バーコードに類するものに，QRコード（Quick Response code：2次元コード）がある。

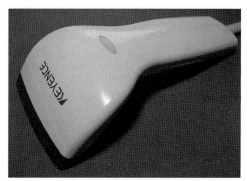

図3-5　バーコードリーダー
（Wikimedia Commons「バーコードリーダー」より）
（写真：株式会社キーエンスのバーコードスキャナ）

(3) OCR

OCR（Optical Character Recognition：光学式文字認識）は，手書きや印刷された文字を光学的に読み取り，文字データに変換する入力装置である。イメージスキャナで画像データとして取り込んだ紙面の文字を，あらかじめ登録している文字パターンと比較して，似ているものを選択してそれに変換する。

(4) OMR

OMR（Optical Mark Reader：光学式マーク読み取り装置）は，マークシートに記入されたマークを光学的に読み取る入力装置である。マークシートに光をあて，その反射光によってマークの有無を判断する。

(5) Webカメラ

Webカメラ（Web camera）は，一般にはPCに内蔵されたカメラ機能を指し，入力された映像をリアルタイムでWebに配信できる。

3.4 記憶装置

3.4.1 記憶装置の種類

記憶装置（storage）は，プログラムやデータを保存するための装置である。

代表的な記憶装置に，主記憶装置（メインメモリ）や，ハードディスクドライブや光ディスク装置を使用した補助記憶装置などがある。

3.4.2 主記憶装置

主記憶装置（main storage）は，メインメモリともいい，CPUが補助記憶装置のハードディスクから読み込んだプログラムや処理中のデータを一時的に保存しておくための，いわばCPUの作業領域である。そのため，CPUの高速化が進めば，メインメモリにも高速化が求められる。メインメモリ内のデータは，CPUから発振されるクロック信号（コンピュータの動作の基準となる信号）に同期して（タイミングを合わせて）転送される。

メインメモリに記憶されたデータはいったん電源を切るとすべて消えてしまう。この性質を揮発性という。

3.4.3 補助記憶装置

補助記憶装置（auxiliary storage）は，プログラムやデータを保存しておくための大容量の記憶装置である。「補助」とは，メインメモリの容量不足を補うという意味である。外部記憶装置（external storage）ともいうが，これはメインメモリ（＝内部記憶装置）と区別するための呼び方である。補助記憶装置には，OSやアプリケーションソフトウェアなどが記憶されている。

メインメモリと補助記憶装置の関係は，学習机と書棚の関係に例えることができる。学習時に使用する教科書や参考書，ノート類は机上に置き，使用しないものは書棚に入れておく。これは，机上スペースが限られているためである。同様に，CPUが処理するプログラムやデータはメインメモリに置き，それ以外のものは補助記憶装置に置いておく。CPUはメインメモリに置かれたプログラムやデータしか処理できないため，処理の対象は補助記憶装置からメインメモリに移す必要がある。

補助記憶装置には，磁性体を用いたハードディスクドライブや，光ディスク装置（CDやDVD），半導体を用いたUSBメモリやSDカードなどがある。

補助記憶装置に記憶されたデータは電源を切っても消えない。この性質を不揮発性という。

3.4.4 記憶媒体

記憶媒体には，記憶容量の大小や可搬性などの特徴の異なるものがあり，用途に応じた利用がされている。

(1) ハードディスク

ハードディスク（hard disk）は，磁性体が塗布された複数枚の金属製の円盤（ディスク）が回転軸

についた大容量の記憶装置であり，磁気ディスク装置ともいう。また，読み書きするドライブ装置と媒体（ディスク）が一体化しているため，ハードディスクドライブ（HDD：Hard Disk Drive）ともいう。ディスクが高速回転する構造のため，衝撃に弱いというデメリットがある。現在の記憶容量はTB（テラバイト）が主となっている。

ディスクの表面には，トラック（円周）やセクタ（トラックを複数に区切った領域）があり，それぞれトラック番号とセクタ番号がつけられている（図3-6参照）。また複数のディスクから構成されているので，トラックが円筒状に並んだシリンダと呼ばれる空間も存在する。

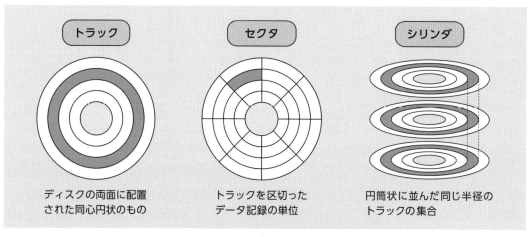

図3-6　ハードディスク装置の構造

ハードディスク装置のデータの読み書きは，ディスクの表面に塗布された磁性体（この磁石の方向を変えることでデータを記憶する）に磁気ヘッドと呼ばれる電磁石を近づけることで行う（図3-7参照）。

図3-7　ハードディスクと磁気ヘッド
(Wikimedia Commons「Harddisk」より)

データの読み取りは，以下の①〜③の手順で行われる（図3-8参照）。

① **シーク**

シークは，磁気ヘッドを目的のトラックまで動かすことである。シークにかかる時間をシーク時間という。

② **サーチ**

サーチは，ディスクの回転により，目的のセクタが磁気ヘッドの下に来るのを待つことである。サーチにかかる時間をサーチ時間（回転待ち時間）という。

③ データ転送

データ転送は，ディスクの回転により，磁気ヘッドの下を対象となるデータの先頭から最後までを通過させて読み取ることである。データ転送にかかる時間をデータ転送時間という。

ハードディスク装置のアクセス時間は，上の3つの時間を合計したものである。

ハードディスク装置のアクセス時間 ＝ シーク時間＋サーチ時間＋データ転送時間

なお，単位時間当たりのディスクの回転数が多いほど，サーチ時間やデータ転送時間が短くなり，読み書き時間は短くなる。ハードディスクの性能を表す回転速度の単位に，rpm（revolutions per minute：1分間当たりの回転数）がある。

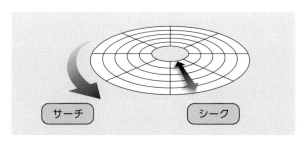

図3-8　ハードディスクからのデータの読み取り

ハードディスクに何度も追加や削除を繰り返していると，本来1つにまとまったデータ（ファイルなど）が異なったセクタに分断されて保存されてしまう状況が発生する。これを，フラグメンテーション（断片化）という。フラグメンテーションが発生すると，アクセスに余分な時間がかかってしまう場合がある。そこで，定期的にファイルを連続したトラックやセクタに再配置する必要がある。この作業をフラグメンテーションの解消という意味でデフラグメンテーション（ディスク最適化）という。

(2) 半導体メモリ

半導体メモリ（semiconductor memory）は，半導体を使用した記憶装置である。ハードディスクのように駆動部分がないため，耐衝撃性やアクセス速度面で優れている。大別してRAM（Random Access Memory）とROM（Read Only Memory）がある（**図3-9**参照）。

RAMは，電源を切ると記憶内容が消える揮発性のメモリである。
ROMは，電源を切っても記憶内容が消えない不揮発性のメモリである。

種類			特徴	用途
RAM	DRAM		低速，消費電力小，低価格	主記憶（メインメモリ）
	SRAM		高速，消費電力大，高価格	キャッシュメモリ
ROM	マスクROM		製造時に内容が書き込まれ，書き換え・消去不可	ゲーム機，家電
	プログラマブルROM	PROM	1度のみ書き込み可・消去不可	制御・主記憶装置の一部
		UVEPROM	何度も書き込み可・紫外線で消去可	制御・主記憶装置の一部
		EEPROM	何度も書き込み可・電気的に消去可	フラッシュメモリ

図3-9　半導体メモリの種類

DRAM（Dynamic RAM）は，記憶しているデータを保持するために一定時間ごとにリフレッシュと呼ばれるデータの再書き込みが必要なメモリである。

SRAM（Static RAM）は，リフレッシュが不要であり，DRAMよりも消費電力や動作速度の点で優れている。

PCでは，メインメモリにDRAM，キャッシュメモリにSRAMが使われる。

ROMには，出荷時にデータやプログラムが書き込まれ，それを書き換えることができないマスクROM（Masked ROM）と，出荷時の書き込みはなく利用者が書き込みや消去のできるユーザプログラマブルROM（User Programmable ROM）がある。

ユーザプログラマブルROMには，紫外線によりデータの消去を行う方式のUV-EPROM（UltraViolet rays - Erasable and Programmable ROM）と，電気的に内容を書き換えるEEPROM（Electrically Erasable and Programmable ROM）がある。フラッシュメモリ（flash memory）は，EEPROMの一種であり，書き換え可能で電源を切っても内容が消えない不揮発性の半導体メモリである。

USBメモリは，フラッシュメモリを用いた小型の記憶媒体で，USB（Universal Serial Bus）端子（3.6.5項(1)参照）を備えている（図3-10参照）。通常，周辺機器をコンピュータに接続して使用する場合，ドライバ（あるいはデバイスドライバ）というソフトウェアが必要になるが，USBメモリにはこのドライバが不要で，PCと直接接続して使用できる。

図3-10　USBメモリ

メモリカード（memory card）は，フラッシュメモリを用いたカード型の記憶媒体である（図3-11参照）。デジタルカメラや携帯情報端末のデータ保存に用いられる。

図3-11　様々なメモリカード

ソリッドステートドライブ（SSD：Solid State Drive）は，ハードディスクの磁気ディスクをフラッシュメモリに置き換えたものである。高速化と耐衝撃性を高めた補助記憶装置として用いられる。

> **例題 3-2**
>
> DRAM,ROM,SRAM,フラッシュメモリのうち,電力供給が途絶えても内容が消えない不揮発性メモリはどれか。　　　　　　　　　　　　　　　　（平成25年度 春期 ITパスポート試験 問63）
>
> ア．DRAMとSRAM
> イ．DRAMとフラッシュメモリ
> ウ．ROMとSRAM
> エ．ROMとフラッシュメモリ
>
> **解説** RAMは電源を切ると記憶内容が消える揮発性のメモリ,ROMは電源を切っても記憶内容が消えない不揮発性のメモリである。フラッシュメモリは,フラッシュEEPROMともいう。
>
> **解答** エ

(3) CD (CD-ROM, CD-R, CD-RW)

　CD (Compact Disc) は,直径12cmの再生専用の光ディスクにデータを記録するものである。データの記録は,ディスクの表面にピットという小さな凸凹をつけて行い,再生時には,ディスクを回転させながらレーザ光をあて,反射する光の強弱によって凸凹を検出する。CDは主にオーディオデータを記録するものであるが,CD-ROM (CD Read Only Memory),CD-R (CD Recordable),CD-RW (CD ReWritable) は,コンピュータのデータを記録するもので,いずれも記録容量は最大700Mバイトである。

　CD-ROMは,再生専用型CDである。
　CD-Rは,データを一度だけ記録できる追記型CDである。
　CD-RWは,データを繰り返し記録・消去できる書き換え型CDである。

(4) DVD (DVD-ROM, DVD-RAM, DVD-R, DVD-RW, DVD+RW)

　DVD (Digital Versatile Disc) は,CDと同じ直径12cmの光ディスクだが,記憶容量は片面で4.7GBの大容量の記憶媒体である。そのため映画などの動画の記録に広く用いられているが,音楽やコンピュータのデータの記録も可能である。DVDの規格には,再生専用のもの (DVD-ROM),追記型のもの (DVD-R),書き換え可能なもの (DVD-RAM,DVD-RW,DVD+RW) の3種類が存在する。

(5) ブルーレイディスク

　ブルーレイディスク (BD:Blu-ray Disc) は,CDやDVDと同じ直径12cmの形状の光ディスクだが,記憶容量は片面1層で25GB,片面2層で50GBの大容量の記憶媒体である。BDの規格には,再生専用のもの (BD-ROM),追記型のもの (BD-R),書き換え可能なもの (BD-RE) の3種類が存在する。

3.4.5 記憶階層

　アクセス速度の違いにより,記憶装置を階層的に分類できる (**図3-12**参照)。一般に,アクセス速度が高速であれば小容量,逆にアクセス速度が低速であれば大容量といった性質がある。

第3章 ハードウェア

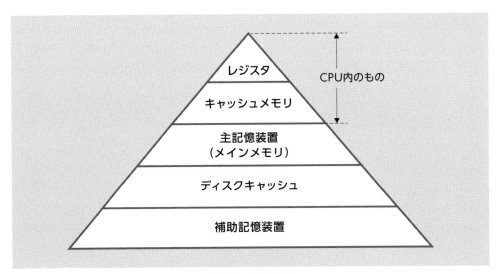

図3-12　記憶階層

　レジスタ (register) は，演算結果や実行状態などの情報を一時的に保存しておくための，CPU内部にある記憶装置である。小容量だが，高速アクセスが可能である。
　レジスタの一種のプログラムカウンタは，次に実行する命令がメモリ上のどの番地にあるかの情報を格納するレジスタである。
　またアドレスレジスタは，アクセスするデータの番地を格納するものである。
　キャッシュメモリ (cache memory) は，CPUコアとメモリメイン間に設置された高速のメモリである。CPUコア (CPU core) は，CPUの核となる演算を担う部分である。キャッシュメモリの目的は，高速なCPUコアとアクセス速度の低速なメインメモリとの速度差を補うことである。メインメモリから読み込んだデータをいったんキャッシュメモリに保存しておき，次に同じデータが必要になった場合には，キャッシュメモリから読み込むことでアクセス時間を短縮できる（**図3-13**参照）。

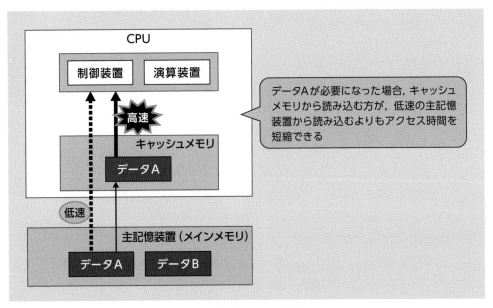

図3-13　キャッシュメモリ

キャッシュメモリには，1次キャッシュと2次キャッシュがあり，1次キャッシュの方が2次キャッシュよりも高速・小容量である。なお，1次，2次といった表記はCPUのアクセス順番を示す。すなわち，CPUは必要なデータをまず1次キャッシュから検索し，見つからない場合は2次キャッシュ，さらに見つからなければメインメモリまでたどる。3次キャッシュを備えたCPUもある。

　なお，メインメモリとハードディスクなどの補助記憶装置との間でのアクセス高速化のために用いられるメモリにディスクキャッシュ（disk cache）がある。一度メインメモリに読み込んだデータをディスクキャッシュに記憶しておき，再度同じデータが必要になった場合には，アクセス速度の遅いハードディスクからではなく，ディスクキャッシュから読み込むことでアクセス時間を短縮できる。

例題 3-3

PCのプロセッサ内にあるキャッシュメモリの利用目的はどれか。

(平成21年度 春期 ITパスポート試験 問69)

ア．PCへの電力供給が切れた状態でも記憶内容を保持する。
イ．書き換える必要のない情報や，書き換えられては困る情報を記録する。
ウ．主記憶とのアクセス時間を見かけ上短縮することによって，CPUの処理効率を高める。
エ．利用者IDやパスワードなどの重要情報や機密情報を記録する。

解説　キャッシュメモリの利用目的は，アクセス時間の遅い主記憶と処理時間の速いCPUとの速度格差を解消することである。

解答　ウ

3.4.6　外部記憶装置に関する技術

(1) NAS

　NAS（Network Attached Storage）は，ネットワークに直接接続できる外部記憶装置であり，ファイルサーバとしての機能をもつ専用機である。企業などの組織のLANでの共有ファイルなどの保存や，動画などの大容量データの保存に利用されている。一般家庭向けの廉価なものも存在する。

(2) オンラインストレージ

　オンラインストレージ（online storage）は，インターネットに接続された大容量の記憶領域を貸し出すクラウドコンピューティングサービスである。

(3) RAID

　RAID（Redundant Arrays of Inexpensive Disks：レイド）は，複数のハードディスクなどをまとめて1つの記憶装置として使用する技術である。データを分散させて記憶することで耐障害性を向上させることができる。RAIDには，データ分散のさせ方の違いによりRAID0からRAID6までの7種類があり，それぞれ高速性や耐障害性が異なる。ここでは主に利用されているRAID0，RAID1，RAID5を取り上げる。

RAID0は，データを複数の記憶装置に均等に分散させて，同時並行で保存する仕組みである（**図3-14**参照）。ストライピング（striping）ともいう。複数のハードディスクに同時にアクセスするため，読み書きが高速になる。データの冗長性はなく信頼性は高くない。

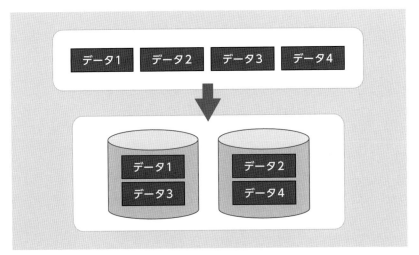

図3-14　RAID0

RAID1は，正副の記憶装置に同一のデータを同時に保存する仕組みである（**図3-15**参照）。ミラーリング（mirroring）ともいう。一方が故障しても他方を使用できるため，信頼性や安全性を高めることができる。ただし，両方に同じデータを書き込むことになるため，実際に使用できる容量は本来の記憶装置容量の半分になり，記憶装置自体の使用効率は低下する。

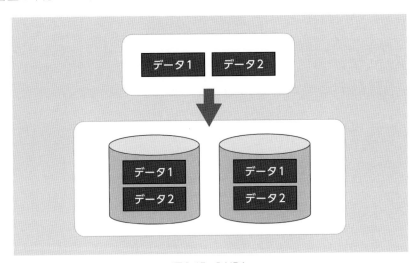

図3-15　RAID1

なお，ミラーリングと同様の機能をもったものにデュプレキシング（duplexing）がある。デュプレキシングは，ディスク装置とディスク制御装置（コンピュータ本体とディスク装置とのインタフェース）の組を複数用いることで，同じデータを複数個所に同時に記憶させるシステムである。一方，ミラーリングではディスク制御装置は多重化しない。そのため，デュプレキシングの方が高速にデータの書き込みができる。

RAID5は，3台以上のハードディスクを使い，いくつかのデータのまとまりごとにエラー訂正のた

めのデータ（パリティ）を計算して，これらを異なるディスクに分散して記録する仕組みである（図3-16参照）。1台のハードディスクが壊れた場合，稼働中の残りのディスクからデータを復元できる。例えば，図3-16の中央のディスクが壊れたとする（データ2とデータ3が消滅）。その場合，データ1とパリティAを用いてデータ2を，データ4とパリティBを用いてデータ3を復元できる。

RAID5は，読み出し速度はRAID0と同じだが，書き込み時にはパリティ演算を行うため処理速度が遅くなる。

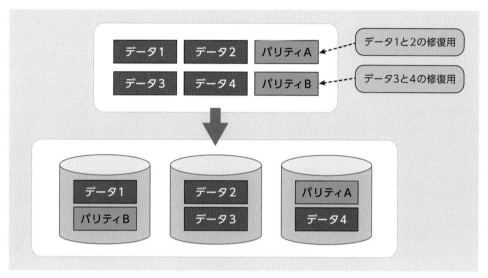

図3-16　RAID5

3.5 制御・演算装置

3.5.1 制御・演算装置の概要

制御装置（control unit）はメインメモリにあるプログラムの命令を解釈して，コンピュータの様々な装置に指示を与える装置であり，演算装置（arithmetic unit）は演算処理（加減乗除の計算，大小比較，真偽判定，文字列処理など）を行う装置である。制御・演算装置は，中央処理装置（CPU：Central Processing Unit）として，ONとOFFの切り替えをする数多くのスイッチが組み込まれた集積回路（1つの半導体チップ）の中に一体化されており，マイクロプロセッサ（microprocessor）ともいう。

CPUの性能は，クロック周波数（3.5.3項参照）や，一度に処理できる情報量（ビット）で表される。16ビットCPU，32ビットCPU，64ビットCPUなどがあり，数が大きいほど性能が高くなる。

3.5.2　CPUの命令実行サイクル

CPUによる命令の実行は，以下の①〜④の工程で行われる。

① 命令の読み込み（フェッチ）
② 解読（デコード）
③ 実行（エクスキュート）
④ 書き出し（ライトバック）

CPUは、①～④の工程を1つの基本動作として繰り返す。この場合、1つの基本動作を終了するまで次の命令を実行できないため、CPUの処理能力向上に限界があった。

そこで考案されたのがパイプライン処理である。パイプライン処理は、複数の基本動作を並行して処理するCPU高速化技術である（**図3-17**参照）。

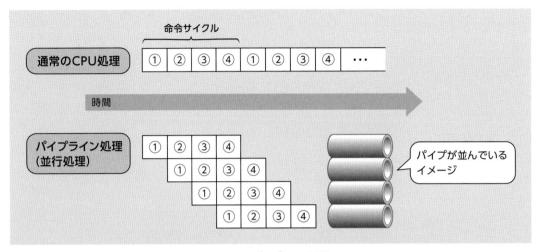

図3-17　パイプライン処理

3.5.3 CPUとクロック

前項で述べたCPUの①～④の工程は、それぞれクロック信号に合わせて実行される。クロック信号は、様々な装置間でのデータの受け渡しのタイミングを合わせるための基準となる信号である。マザーボード（コンピュータ本体内にある基盤）に設置されたテンポを刻む水晶発振器（クオーツ）を用いた装置（クロックジェネレータ）によって一定周期で生成されている（**図3-18**参照）。

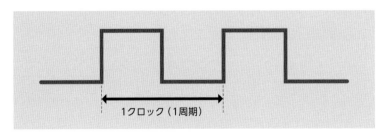

図3-18　クロック信号

1秒間に発振するクロック信号の回数をクロック周波数といい、Hz（ヘルツ）の単位で表す。クロック周波数1Hzは1秒間に1回、1GHz（ギガヘルツ）は1秒間に10億回の信号発振を意味する。

クロック信号を1回発振するのに必要な時間をクロックという。この時間はクロック周波数の逆数で求めることができる。

例えば、クロック周波数1GHzのプロセッサの場合、1クロックは、

10億分の1秒＝$1 \div (1 \times 10^9)$＝1n（ナノ）秒

である。

3.5.4 CPUの性能向上

CPUはクロック信号に合わせて動作するため，従来はクロック周波数を高めることで処理能力を向上させてきた。しかしこの場合，CPUが消費する電力量が増加し，また故障の原因になる熱の発生も大きくなってしまう。

そこで，マルチコアプロセッサが開発された。マルチコアプロセッサは，演算コアを複数搭載することで分担処理を可能にしたものである。1台の計算機を複数台にするような仕組みであり，問題となるクロック周波数を高めることなくCPUの処理能力を向上できる。

2005年に2つの演算コアを搭載したデュアルコアが開発されて以降，4つ搭載のクアッドコア，6つ搭載のヘキサコアが次々と開発されている。

3.5.5 CPUの処理能力を表す指標

CPUの処理能力を表す指標に，MIPSやFLOPSがある。

(1) MIPS

MIPS（Million Instructions Per Second：ミップス）は，1秒間に実行できる命令の平均回数を百万単位で表す。例えば100MIPSは，1秒間に100×100万個（＝10000万個＝1億個）の命令を実行できることを意味する。

(2) FLOPS

FLOPS（FLoating point Operations Per Second：フロップス）は，1秒間に実行できる浮動小数点演算の平均回数を表す。GFLOPS（GigaFLOPS：ギガフロップス）は，FLOPSの10億倍を表す単位であり，1GFLOPSのコンピュータは毎秒10億回の浮動小数点演算を実行できる。TFLOPS（TeraFLOPS：テラフロップス）は，FLOPSの1兆倍を表す単位であり，PFLOPS（PetaFLOPS：ペタフロップス）は，FLOPSの1000兆倍を表す単位である。

例題 3-4

クロック周波数が1.6GHzのCPUは，4クロックで処理される命令を1秒間に何回実行できるか。

(平成23年度 春期 ITパスポート試験 問60)

ア．40万　　　　イ．160万　　　　ウ．4億　　　　エ．64億

解説 クロック周波数1.6GHzは，1秒間に1.6Gクロック（1.6×10^9クロック）発振することを意味する。

1.6×10^9クロック/秒 ÷ 4クロック/命令 ＝ 0.4×10^9 ＝ 4億命令/秒

解答 ウ

3.6 出力装置

3.6.1 出力装置の種類

出力装置(output device)は，コンピュータによる処理結果の表示や印刷を行うための装置である。出力装置には，ディスプレイ，プリンタ，3Dプリンタ，プロジェクタなどがある。

3.6.2 ディスプレイの種類と解像度

(1) CRTディスプレイ

CRTディスプレイ(Cathode Ray Tube Display)は，真空管の一種であるブラウン管(陰極管)で画像を表示するディスプレイ装置である。テレビやPCのディスプレイなどに使われていたが，重く，奥行きが長いことで設置面積がとられる欠点があり，液晶ディスプレイにとって代わられた。

(2) 液晶ディスプレイ

液晶ディスプレイ(LCD：Liquid Crystal Display)は，液晶パネル画面に表示するディスプレイ装置である。CRTよりも軽量かつ薄型で消費電力が少ない。バックライト(光源)が必要である。

(3) 有機ELディスプレイ

有機ELディスプレイ(OELD：Organic Electro Luminescence Display)は，電圧をかけると自ら光る有機化合物を利用したディスプレイ装置である。バックライトが不要なため，液晶ディスプレイよりも薄型で，消費電力も少ない。ディスプレイの大型化が難しく，現在では，携帯電話，スマートフォン，カメラ，カーナビなどのディスプレイに用いられている。

ディスプレイは，文字や画像をドット(dot)という点の集まりで表す。ディスプレイの解像度は，ディスプレイの横×縦のドット数で表される。ディスプレイの代表的な規格と解像度を図3-19に示す。

規格	解像度(横×縦)
QUXGA (Quad Ultra XGA)	3200×2400ドット
QXGA (Quad XGA)	2048×1536ドット
UXGA (Ultra XGA)	1600×1200ドット
SXGA (Super XGA)	1280×1024ドット
XGA (eXtended Graphics Array)	1024×768ドット
SVGA (Super VGA)	800×600ドット
VGA (Video Graphics Array)	640×480ドット

図3-19　ディスプレイの規格と解像度

CRTディスプレイや液晶ディスプレイなどのカラー表現には，加法混色が用いられている。加法混色では，光の3原色の赤(R)，緑(G)，青(B)によって色を表現し，光の3原色を混ぜると白色になる。また，R+Bはマゼンタ(Magenta：紅)，G+Bはシアン(Cyan：藍)，R+Gはイエロー(Yellow：黄)になる。

3.6.3 プリンタの種類

(1) レーザプリンタ

レーザプリンタ (laser beam printer) は，印刷するイメージをレーザ光で感光体上に描き，このイメージに合わせて発生させた静電気によりトナーインクをドラムに吸着させ，これを熱で印刷用紙に転写させる方式のプリンタである。

(2) インクジェットプリンタ

インクジェットプリンタ (inkjet printer) は，専用のインクを印字ヘッドのノズル孔から噴射して印刷用紙に焼き付ける方式のプリンタである。一般家庭にも広く普及している。インク代などのランニングコストが高い。

(3) ドットインパクトプリンタ

ドットインパクトプリンタ (dot-impact printer) は，印字ヘッドをインクリボンに打ち付けることで，インクを印刷用紙に転写させる方式のプリンタである。カーボン紙を用いた複写が可能なため，複写式伝票の重ね印刷に用いられている。印刷速度が遅い，印刷品質が低い，音がうるさいなどの欠点があり，上のような特定目的以外ではほとんど使われていない。

(4) 3Dプリンタ

3Dプリンタ (3 Dimension printer) は，CGデータなどを基にして立体物を作成する3次元造形装置である。

印刷用プリンタの解像度は，1インチ当たりのドット数dpi (dots per inch) で表される（1インチ＝2.54cm）。

プリンタのカラー表現には，減法混色が用いられている。減法混色では，インクの3原色のシアン(C)，マゼンタ (M)，イエロー (Y) の3色の混合によって色を表現する。理論上はインクの3原色を等量で混合すると黒色が得られるが，実際には完全な黒色を得ることが難しいため，プリンタでは黒 (K) を加えたCMYKの4色を用いている。なお減法混色では，C+Mは青(B)，M+Yは赤(R)，Y+Cは緑(G)になる。

3.6.4 入出力インタフェースの種類

入出力インタフェースは，コンピュータ本体に補助記憶装置や入出力装置を接続し，データのやり取りを行うための仕組みである。入出力インタフェースには，異なったコネクタ（接続部分の形状）や手順をもつ様々な規格がある。例えば，ケーブルを使うもの（有線）と不要なもの（無線）が存在する。

また，データ転送方式にはシリアル転送とパラレル転送の2つがある（**図3-20**参照）。シリアル転送は，1ビットずつデータを転送するものである。パラレル転送は，複数ビットを同時に転送するものである。

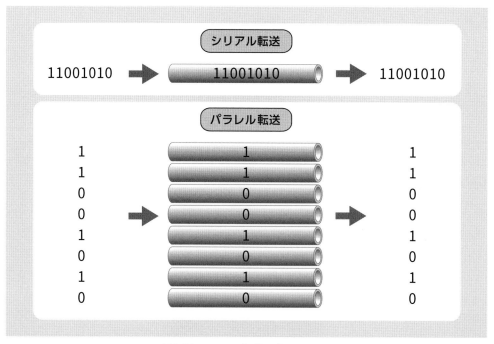

図3-20　シリアル転送とパラレル転送

　一見すると，パラレル転送の方が速度的に有利に見えるが，パラレル転送を高速化した際の同期が難しく，現在はシリアル転送の方が速度的に優勢である。

3.6.5 代表的な有線インタフェース

　ケーブルを使う有線インタフェースには，以下のものがある。

(1) USB

　USB（Universal Serial Bus）は，PCにプリンタやキーボードなどの周辺機器を接続する汎用シリアルインタフェースである（**図3-21**参照）。USB3.0では，最大転送速度が5Gビット/秒まで向上している。機器を接続するだけでデバイスドライバなどの設定が自動的に行われ，すぐに使用可能となるプラグアンドプレイ機能や，電源を入れたまま接続できるホットプラグ機能，ケーブルを介して電源が供給されるバスパワー機能を備えている。

図3-21　ノートPCのUSB端子

(2) IEEE1394

　IEEE1394は，IEEE（Institute of Electrical and Electronics Engineers：米国電気電子技術者協会）で標準化されたシリアルインタフェースの規格である。プラグアンドプレイ機能やホットプラグ機能

を備えており，PCと周辺機器との接続やデジタルビデオカメラなどの機器の接続インタフェースに用いられている。

(3) ATA

ATA（AT Attachment：アタ）は，PCと内蔵用ハードディスクを接続する実質標準であったIDE（Integrated Device Electronics）インタフェースを，ANSI（American National Standards institute：米国規格協会）が標準化した規格である（**図3-22**参照）。PCとハードディスクやCD-ROM装置との接続に用いられている。

図3-22　ATA（Wikimedia Commons「ATA」より）

(4) SCSI

SCSI（Small Computer System Interface：スカジー）は，PCや周辺機器を接続するためのパラレルインタフェースの規格である。USBなどが普及したため，最近のPCには用いられていない。

(5) DVI

DVI（Digital Visual Interface）は，PCとディスプレイ装置を接続するためのインタフェースの規格である（**図3-23**参照）。液晶ディスプレイなどのデジタル方式のディスプレイを接続するために用いられている。

図3-23　DVIの形状（Wikimedia Commons「DVI」より）

(6) HDMI

HDMI（High-Definition Multimedia Interface）は，DVIをデジタル家電製品やAV機器用の入出力インタフェースに発展させたものである（**図3-24**，**図3-25**参照）。音声と映像を1本のケーブルで伝送できる。

図3-24　HDMIの形状（Wikimedia Commons「HDMI」より）

第3章 ハードウェア

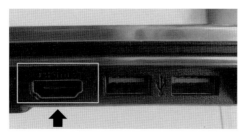

図3-25　ノートPCのHDMI端子（矢印部分）

（7）PCMCIA

PCMCIA（Personal Computer Memory Card International Association）は，PCカード規格の標準化のための米国業界団体であり，またそこで制定されたPCカードの規格のことも指す（**図3-26**参照）。

図3-26　PCMCIA（Wikimedia Commons「PCMCIA」より）

3.6.6　代表的な無線インタフェース

ケーブルが不要な無線インタフェースには，以下のものがある。

（1）IrDA

IrDA（Infrared Data Association）は，1.0mまでの短距離で通信できる，赤外線を用いた無線通信規格である。1993年に設立されたIrDAという赤外線通信技術を策定する業界団体が定めた規格のため，この名がついた。主にノートPCや携帯電話，デジタルカメラなどの外部通信機能に用いられている。

（2）Bluetooth

Bluetoothは，2.45GHzの周波数帯を用いて数m程度の情報端末間をつなぐ無線通信規格である。赤外線を利用するIrDAなどと異なり，Bluetoothは電波を利用しているため，機器間に障害物があっても使用でき，またIrDAに比べると消費電力が小さく，製造コストも低い。主にキーボードやマウスなどの通信機能に用いられている。

（3）NFC

NFC（Near Field Communication）は，十数cmのごく近い距離でデータ通信を行う近距離無線通信の国際標準規格の1つである。13.56MHzの電波を使い，機器同士をかざすようにするだけで100～400kbpsの双方向通信が可能である。NFCの規格には，タバコ購入用taspoカードのTypeA，住民基本台帳カードや運転免許証のTypeB，FeliCa（ソニーの非接触ICカードの技術方式）などがある。FeliCaは，東日本旅客鉄道株式会社（JR東日本）のSuica（スイカ）などの交通IC乗車券や楽天Edy（エディ）などの電子マネーカードで広く使用されている。

(4) RFID

RFID（Radio Frequency IDentification）は，非接触ICカードのように，電波や電磁波を利用した無線通信で情報の読み取りや書き込みをする技術の総称である。数cmほどの大きさの無線ICチップ（RFIDタグ）に個人情報や製品情報などを記憶しておき，それを読み取り機（リーダー）で読み込むことで，人や製品の識別や動きの把握ができる（図3-27参照）。通信距離は数mm〜数mのものがある。

図3-27　図書館の本に用いられている四角形のRFIDタグ

3.7 コンピュータシステム

3.7.1 コンピュータシステムの処理形態

代表的なコンピュータシステムの処理形態と特徴を挙げる。

(1) 集中処理

集中処理（centralized processing）は，1台のホストコンピュータ（大型の汎用コンピュータ）が，多数の端末からのすべてのデータを処理する形態である。したがって，端末は入出力のみを担当する。メリットは，データの集中管理ができ，リアルタイムに更新できるため一貫性を保つことができることである。一方，デメリットは，処理を担当するコンピュータは1台のみのため，負荷が集中することである。端末の小型化や高性能化，ネットワーク機能の高度化によって，しだいに分散処理に移行していった。

(2) 分散処理

分散処理（distributed processing）は，ネットワークに接続された複数のコンピュータが分担して処理を行う形態である。メリットは，障害の影響が最小限にとどめられることや，システムの拡張が容易であることである。一方，デメリットは，運用管理が複雑になり，データの一貫性が保ちにくいことや，セキュリティの確保が困難なことである。インターネットに接続された多数のPCを使用して膨大な処理をさせるグリッドコンピューティング（grid computing）も分散処理の1つである。

(3) 並列処理

並列処理（parallel processing）は，複数のマイクロプロセッサなどに分散して処理をさせることで，システム全体の処理性能を向上させる技術である。具体的には，1台のコンピュータにマイクロプロセッサを複数用意する「マルチプロセッサ」や，プロセッサ内部に複数の処理装置を実装する「マルチコア」などが挙げられる。こうしたコンピュータ内部での並列処理に関する技術のほかに，並列に接続された複数のコンピュータシステムによって処理を分散する形態もある。これらをまとめて並列コンピューティング（パラレルコンピューティング）ともいう。

(4) レプリケーション

レプリケーション (replication) は，データベースを使用しているシステムにおいて，そのデータベースと全く同じ内容の複製（レプリカ）を他のサーバにも作成し，常に内容の一致した状態で運用する形態である。これにより，一方のデータベースに障害が発生した場合でも，データが完全に失われる危険を回避できる。

3.7.2 コンピュータシステムの構成

代表的なコンピュータシステムの構成と特徴を挙げる。

(1) デュアルシステム

デュアルシステム (dual system) は，2つのシステムを常に稼働させて同じ処理を行わせる方式である。それぞれの系統で処理された結果を照合することで，非常に高い信頼性が得られる。仮に一方に障害が発生した場合でも，他方で処理継続が可能である。コスト高になるのが難点である。

(2) デュプレックスシステム

デュプレックスシステム (duplex system) は，デュアルシステムと同様に2つのシステムを準備する方式であるが，片方のシステムは待機用システムとする点が異なる。通常処理に使用しているシステムに障害が発生した場合，待機用システムに切り替えて処理を続けることができる。待機用システムの待機方法に，障害が発生してから待機系を起動させるコールドスタンバイと，待機系を常に起動した状態にしておくホットスタンバイの2種類がある。

(3) クライアントサーバシステム

クライアントサーバシステム (client server system) は，プリンタなどの周辺機器，データベース，アプリケーションソフトウェアなどを管理するサーバと，サーバが管理する資源を利用するクライアント（ユーザ）から構成される（**図3-28**参照）。分散処理の代表的なシステムである。

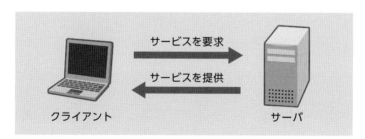

図3-28 クライアントサーバシステム

サーバの種類を**図3-29**に示す。

種類	機能
ファイルサーバ	ファイルを管理して，複数ユーザでの共有化を図り，アクセス制御を行う。
データベースサーバ	データベースを管理して，データの検索や更新を行う。
プリントサーバ	プリンタの管理を行い，複数のクライアントにプリンタを共有させる。
Webサーバ	Webページを管理して，要求に応じてWebページデータを送信提供する。
電子メールサーバ	電子メールメッセージの交換サービスを提供する。

図3-29 サーバの種類

一方，クライアントには，シンクライアント（thin client）のように，ハードディスクなどを装着せず，表示や入力しかできない特徴的なものも存在する。シンクライアントを使用するメリットは，アプリケーションソフトウェアやデータなどの資源をクライアント側でなくサーバ側にまとめることによるセキュリティ対策や管理の容易さなどである。

(4) Webシステム

Webシステムは，WebサーバやWebブラウザ，Webに関連するプロトコルなど，Web技術を中心に構築されたシステムである。Webシステムの利用者は，Webブラウザを用いてWebサーバにアクセスし，データの入出力や閲覧などを行う。

(5) ピアツーピアシステム

ピアツーピア（peer to peer）システムは，クライアントとサーバのような主従関係ではなく，コンピュータ同士が対等な関係で連携し，それぞれの資源を共有利用するシステムである。接続台数の少ない小規模なネットワークで用いられることが多い。

(6) クラスタシステム

クラスタシステム（cluster system）は，複数のコンピュータを連結して全体で1台のコンピュータであるかのように管理・運用するシステムである。クラスタシステムを構築することをクラスタリング（クラスタ化）という。クラスタシステムでは，仮に1台が障害などで停止してもシステム全体が止まることはないため信頼性が高い。

3.7.3 コンピュータシステムの利用形態

代表的なコンピュータシステムの利用形態と特徴を挙げる。

(1) バッチ処理

バッチ処理（batch processing）は，蓄えておいたデータを一括して処理する形態である。一括処理ともいう。定期的に大量のデータをまとめて処理する場合に向く。

(2) リアルタイム処理

リアルタイム処理（real time processing）は，業務処理の要求が発生するたびに直ちに処理を行って結果を返す形態である。即時処理ともいう。

(3) 対話型処理

対話型処理（interactive processing）は，コンピュータの要求に応じながら端末やキーボードを使って作業を進めていく形態である。会話型処理ともいう。あたかも利用者とコンピュータが交互に会話をしているように見えることからこの名がついた。PCやスマホなどのユーザインタフェースのほとんどが対話型処理である。

(4) 仮想化

仮想化（virtualization）は，コンピュータや周辺機器などを，その現実の物理的構成とは異なった構成として扱って利用する技術である。例えば，複数のハードディスクをあたかも1つのハードディスクであるかのように扱うことや，1つのサーバを複数台のコンピュータであるかのように扱って異なるシステム環境を提供することなどである。

3.8 システムの性能評価

3.8.1 システムの性能評価指標

(1) レスポンスタイム（応答時間）

レスポンスタイム（response time）は，ユーザがシステムに要求の入力を完了してから，システムが応答するまで（要求結果の表示など）にかかる時間である。主にリアルタイム処理などで使用する性能指標である。

(2) ターンアラウンドタイム

ターンアラウンドタイム（turnaround time）は，システムに仕事の指示を与えてから，処理結果が得られるまでにかかる時間である。主にバッチ処理で使用する性能指標である。

(3) スループット

スループット（throughput）は，システムが処理できる単位時間当たりの仕事量（1分間に実行できる命令数，プログラム数，情報量など）である。

(4) ベンチマーク

ベンチマーク（benchmark test）は，ハードウェアやソフトウェアの性能を比較するためのテストである。標準作業を設定し，その実行に要した時間を比較したり，あるいは評価のための専用プログラム（ベンチマークソフト）を実行させて，処理時間を測定したりするなどして，異なる製品の性能を相対的に評価する。

SPEC（Standard Performance Evaluation Corporation：標準性能評価法人）は，コンピュータの性能評価を測定する目的で実施されるベンチマークテストを作成している非営利団体である。代表的なベンチマークテストに，TPC-C（オンライントランザクション処理用）やSPECint（整数演算の性能用），SPECfp（浮動小数点演算の性能用）などがある。

3.8.2 システムの信頼性評価指標

(1) 信頼性を表す指標

システムの信頼性を表す指標を挙げる。信頼性は，コンピュータシステムが故障しないで正常に動作し続けられる性質である。

- **MTBF（平均故障間動作時間）**
  MTBF（Mean Time Between Failures）は，正常に稼働していた平均時間（故障から回復してから次に故障するまでの平均時間）である。この時間が長いほど，安定度が高いと判断できる。

- **MTTR（平均修理時間）**
  MTTR（Mean Time To Repair）は，故障しその修理にかかった時間の平均である。

- **稼働率**
  稼働率は，全運転時間のうちシステムが正常に稼働している時間の割合である。
  MTBFが長く，MTTRが短いほど稼働率が高くなる。

ここで，システム稼働率の計算方法を示す。

稼働率＝(全運転時間－故障時間)÷全運転時間＝MTBF÷(MTBF＋MTTR)

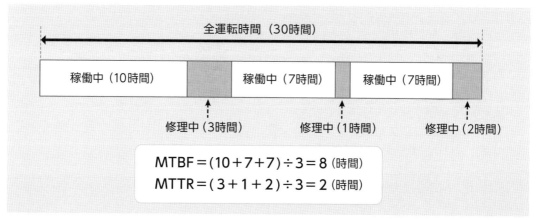

図3-30　システム稼働率計算の具体例

図3-30の例では，次の計算になる。

稼働率＝(全運転時間－故障時間)÷全運転時間＝(30－6)÷30＝0.8

または，

稼働率＝MTBF÷(MTBF＋MTTR)＝8÷(8＋2)＝0.8

である。

例題3-5

MTBFが600時間，MTTRが12時間である場合，稼働率はおおよそいくらか。

(平成24年度 春期 ITパスポート試験 問70 改変)

ア．0.02　　　イ．0.20　　　ウ．0.88　　　エ．0.98

解説 稼働率＝MTBF÷(MTBF＋MTTR)の計算式にMTBFとMTTRの値を代入して求めればよい。

解答 エ

(2) 信頼性の尺度を示す3つの要素 RAS

信頼性の尺度を示す3つの要素がある。信頼性(Reliability)，可用性(Availability)，保守性(Serviceability)の頭文字をとってRAS(ラス)という。

● **信頼性：Reliability**

正常に動作し続けること。MTBFが長いほど信頼性が高くなる。

- **可用性：Availability**
  いつでも利用できること。稼働率が高いほど可用性が高くなる。
- **保守性：Serviceability**
  障害から回復しやすいこと。MTTRが短いほど保守性が高くなる。

  また，以下の2要素をRASに加えたRASIS（レイシス）という評価指標もある。
- **保全性：Integrity**
  正当な権限のない者による変更や改ざんからシステムを保護すること。
- **機密性：Security**
  正当な権限をもつ者だけがシステムを利用できる状態を確保・維持すること。

3.9 システムの信頼性設計の考え方

(1) フォールトトレランス

フォールトトレランス（fault tolerance）は，機械やシステムの障害の発生を前提に，障害発生時の被害を最小限度に抑える様々な対策を行う考え方である。耐障害性，または故障許容力という。次に示すフェールセーフやフェールソフトがある。

- **フェールセーフ**
  フェールセーフ（fail safe）は，システムの一部に障害が発生した場合，その被害を最小限にとどめて，かつシステムをより安全な状態に導こうとする考え方である。
  列車の信号制御システムにおいて故障が発生するとすべての信号を赤に切り替えて安全を確保することや，電気ストーブが転倒すると自動的に電源が切れるように設計されていることなどがある。
- **フェールソフト**
  フェールソフト（fail soft）は，システムの一部に障害が発生しても，すべての機能を停止せず，最低限の機能だけでも処理を継続させようとする考え方である。サービスの質を落としたとしても残った部分での処理を継続させることを縮退運転（フォールバック：fall back）という。
  記憶装置や電源，処理機能などを複数系統備えているコンピュータシステムや，大型航空機の1つのエンジンが故障しても，残りのエンジンで飛び続けられるような設計がされていることなどがある。

(2) フォールトアボイダンス

フォールトアボイダンス（fault avoidance）は，できるかぎり故障や障害が発生しないように努める考え方である。

システムを構成する要素の個々の品質を高めたり，十分なテストを何度も繰り返したりして，故障や障害の原因となる要素を極力排除することなどがある。

(3) フールプルーフ

フールプルーフ（fool proof）は，利用者が誤操作をしても，システムの信頼性・安全性を保持し，誤作動が起きないように配慮する考え方である。誤操作自体ができない仕組みにすることも該当する。フールプルーフ設計は，そもそも人間は誤るものとの前提に立つものである。

ふたやドアを閉めないと作動しない洗濯乾燥機や電子レンジ，人が座っていないと作動しない洗浄便座などがある。

3.10 システム全体の稼働率

複数の装置から構成されるコンピュータシステムは，その組合せ方により直列システムと並列システムに大別される。

(1) 直列システム

直列システムは，システムを構成するすべての装置が稼働していることが，システム全体が稼働する条件になっているシステムである。

(2) 並列システム

並列システムは，複数の装置のいずれか1台が稼働していれば，システム全体が稼働するシステムである。

複数の装置から構成されるシステム全体の稼働率は，個々の装置の稼働率を基に計算できる。図3-31に，稼働率0.9の装置Aと稼働率0.6の装置Bの2つの装置からなる直列システムと並列システムの稼働率の計算方法を示す。

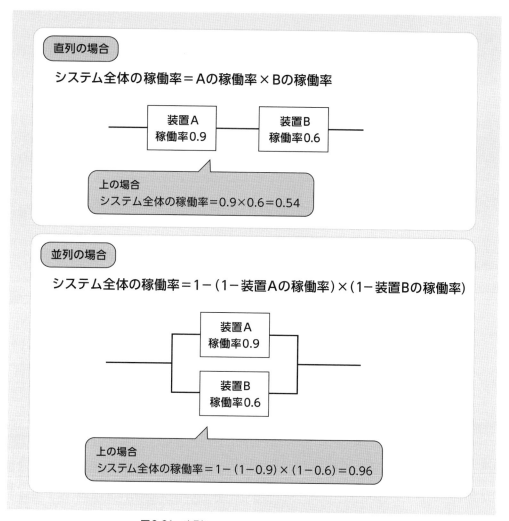

図3-31　直列システムと並列システムの稼働率計算

第3章 ハードウェア

直列システムと並列システムを比較した場合，並列システムの方が直列システムよりも稼働率が高くなる。

例題3-6

2台の処理装置からなるシステムがある。両方の処理装置が正常に稼働しないとシステムは稼働しない。処理装置の稼働率がいずれも0.90であるときのシステムの稼働率はいくらか。ここで，0.90の稼働率とは，不定期に発生する故障によって運転時間の10%は停止し，残りの90%は正常に稼働することを表す。2台の処理装置の故障には因果関係はないものとする。
また，2台の処理装置のうちのどちらか一方が正常に稼働していれば，システム全体が稼働するシステムの稼働率はいくらか。この場合も処理装置の稼働率はいずれも0.90とする。

(平成21年度 春期 ITパスポート試験 問70改変)

解説 2台の処理装置の両方が正常に稼働しなければならないシステムは，処理装置が直列接続のシステムと考える。また，どちらか一方が正常に稼働していればよいシステムは並列接続のシステムである。
直列システムの稼働率は 0.9×0.9，並列システムの稼働率は $1-(1-0.9) \times (1-0.9)$ を計算すればよい。

解答 直列システムの稼働率は0.81，並列システムの稼働率は0.99となる。

3.11 システムの経済性

システムの経済性の評価に関する考え方に次のものがある。

(1) 初期コスト
初期コスト (initial cost) は，システム導入時にかかる費用である。

(2) 運用コスト
運用コスト (running cost) は，システム運用時にかかる電気代などの費用である。

(3) TCO
TCO (Total Cost of Ownership) は，システムの導入から運用・管理，廃棄までにかかるすべての費用を合計したものである。具体的には，ハードウェア購入費，ユーザの教育費，ソフトウェアのアップグレードやデータバックアップ費などである。

第3章 演習問題

3.1 メインフレームとも呼ばれる汎用コンピュータの説明として，適切なものはどれか。

（平成26年度 春期 ITパスポート試験 問59 改変）

ア．CPUと主記憶，インタフェース回路などを1つのチップに組み込んだ超小型コンピュータ

イ．企業などにおいて，基幹業務を主対象として，事務処理から技術計算までの幅広い用途に利用されている大型コンピュータ

ウ．サーバ側でアプリケーションプログラムやファイルなどの資源を管理するシステムの形態において，データの入力や表示などの最小限の機能だけを備えたクライアント専用コンピュータ

エ．手のひらに収まるくらいの大きさの機器に，スケジュール管理，アドレス帳，電子メールなどの機能をもたせた携帯情報端末

3.2 コンピュータ内部において，CPUとメモリの間やCPUと入出力装置の間などで，データを受け渡す役割をするものはどれか。

（平成26年度 春期 ITパスポート試験 問62）

ア．バス　　　　イ．ハブ　　　　ウ．ポート　　　　エ．ルータ

3.3 PCに利用されるDRAMの特徴に関する記述として，適切なものはどれか。

（平成21年度 秋期 ITパスポート試験 問83 改変）

ア．アクセスは，SRAMと比較して高速である。

イ．主記憶装置に利用される。

ウ．電力供給が停止しても記憶内容は保持される。

エ．読み出し専用のメモリである。

3.4 フラッシュメモリに関する記述として，適切なものはどれか。

（平成22年度 春期 ITパスポート試験 問81 改変）

ア．一度だけデータを書き込むことができ，以後読み出し専用である。

イ．記憶内容の保持に電力供給を必要としない。

ウ．小型化が難しいので，デジタルカメラの記憶媒体には利用されない。

エ．レーザ光を用いてデータの読み書きを行う。

第3章 ハードウェア

3.5 フラッシュメモリを用いたSSD (Solid State Drive) は，ハードディスクの代わりとして期待されている記憶装置である。このSSDを用いるときに留意すべき点はどれか。

（平成21年度 秋期 ITパスポート試験 問57改変）

ア．書き込み回数に上限がある。　　イ．書き込みより読み出しが遅い。
ウ．振動や衝撃に弱い。　　　　　　エ．ファイルの断片化による性能悪化が著しい。

3.6 媒体①〜⑤のうち，不揮発性の記憶媒体だけをすべて挙げたものはどれか。

（平成24年度 秋期 ITパスポート試験 問58改変）

① DRAM　　② DVD　　③ SRAM　　④ 磁気ディスク　　⑤ フラッシュメモリ

ア．①, ②　　イ．①, ③, ⑤　　ウ．②, ④, ⑤　　エ．④, ⑤

3.7 CD-Rの記録層にデータを書き込むために用いるものはどれか。

（平成26年度 秋期 ITパスポート試験 問65）

ア．音　　イ．磁気　　ウ．電気　　エ．光

3.8 片面1層記録のDVD-Rは約4.7Gバイトの記憶容量をもつ。1ページ当たり日本語700文字が印刷されている本の場合，約何万ページ分をこのDVD-Rに保存できるか。ここで，日本語1文字を表現するのに2バイトが必要であるとし，文字情報だけを記録するものとする。また，1Gバイトは10億バイトとする。

（平成22年度 秋期 ITパスポート試験 問83）

ア．42　　イ．71　　ウ．336　　エ．671

3.9 データの読み書きが高速な順に左側から並べたものはどれか。

（平成23年度 秋期 ITパスポート試験 問79）

ア．主記憶, 補助記憶, レジスタ　　イ．主記憶, レジスタ, 補助記憶
ウ．レジスタ, 主記憶, 補助記憶　　エ．レジスタ, 補助記憶, 主記憶

3.10 PCのハードディスクにデータの追加や削除を繰り返していると，データが連続した領域に保存されなくなることがある。改善策を講じない場合，どのような現象が起こり得るか。

（平成23年度 春期 ITパスポート試験 問80）

ア．ウイルスが検出されなくなる。　　イ．データが正しく書き込めなくなる。
ウ．データが正しく読み取れなくなる。　　エ．保存したデータの読み取りが遅くなる。

3.11 RAIDの利用目的として，適切なものはどれか。

(平成21年度 秋期 IT パスポート試験 問78)

ア．複数のハードディスクに分散してデータを書き込み，高速性や耐故障性を高める。

イ．複数のハードディスクを小容量の筐体（きょうたい）に収納し，設置スペースを小さくする。

ウ．複数のハードディスクを使って，大量のファイルを複数世代にわたって保存する。

エ．複数のハードディスクを，複数のPCからネットワーク接続によって同時に使用する。

3.12 RAID1（ミラーリング）の特徴として，適切なものはどれか。

(平成23年度 秋期 IT パスポート試験 問82 改変)

ア．2台以上のハードディスクに同じデータを書き込むことによって，データの可用性を高める。

イ．2台以上のハードディスクを連結することによって，その合計容量をもつ仮想的な1台のハードディスクドライブとして使用できる。

ウ．1つのデータを分割し，2台以上のハードディスクに並行して書き込むことによって，書き込み動作を高速化する。

エ．分割したデータと誤り訂正のためのパリティ情報を3台以上のハードディスクに分散して書き込むことによって，データの可用性を高め，かつ，書き込み動作を高速化する。

3.13 同じ容量の2台のハードディスクを使う記録方式を考える。2台をストライピングする方式と比較して，ミラーリングする方式では，記録できる情報量は何倍になるか。

(平成25年度 春期 IT パスポート試験 問73)

ア．0.5　　　イ．1　　　ウ．2　　　エ．4

3.14 CPUに関する記述のうち，適切なものはどれか。

(平成23年度 春期 IT パスポート試験 問67)

ア．CPU内部に組み込まれているキャッシュメモリは，主記憶装置の容量を仮想的に拡張するために用いられる。

イ．CPUの演算機能は制御機能の一部である。

ウ．CPUは，一度に処理するデータ量によって"16ビットCPU"，"32ビットCPU"，"64ビットCPU"などに分類されるが，ビット数の大小と処理能力は関係がない。

エ．同じ構造をもつCPUであれば，クロック周波数が高いものほど処理能力が速い。

3.15 クロック周波数2GHzのプロセッサにおいて1つの命令が5クロックで実行できるとき，1命令の実行に必要な時間は何ナノ秒か。

(平成22年度 秋期 IT パスポート試験 問57 改変)

ア．0.1　　　イ．0.5　　　ウ．2.5　　　エ．10.0

第3章 ハードウェア

3.16 マルチコアプロセッサに関する記述のうち，最も適切なものはどれか。

(平成25年度 秋期 ITパスポート試験 問66 改変)

ア．1台のPCに複数のマイクロプロセッサを搭載し，各プロセッサで同時に同じ処理を実行することによって，処理結果の信頼性の向上を図ることを目的とする。
イ．演算装置の構造とクロック周波数が同じであれば，クアッドコアプロセッサはデュアルコアプロセッサの4倍の処理能力をもつ。
ウ．処理の負荷に応じて一時的にクロック周波数を高くして高速処理を実現する。
エ．1つのCPU内に演算などを行う処理回路を複数個もち，それぞれが同時に別の処理を実行することによって処理能力の向上を図ることを目的とする。

3.17 印刷時にカーボン紙やノンカーボン紙を使って同時に複写が取れるプリンタはどれか。

(平成24年度 秋期 ITパスポート試験 問81)

ア． インクジェットプリンタ	イ． インパクトプリンタ
ウ． 感熱式プリンタ	エ． レーザプリンタ

3.18 周辺機器をPCに接続したとき，システムへのデバイスドライバの組込みや設定を自動的に行う機能はどれか。

(平成23年度 秋期 ITパスポート試験 問76)

ア． オートコンプリート	イ． スロットイン
ウ． プラグアンドプレイ	エ． プラグイン

3.19 USBは，キーボード，マウスなど様々な周辺機器を接続できるインタフェースである。USB2.0の機能にないものはどれか。

(平成23年度 春期 ITパスポート試験 問87)

ア． バスパワー	イ． パラレル転送
ウ． プラグアンドプレイ	エ． ホットプラグ

3.20 PCと周辺機器などを無線で接続するインタフェースの規格はどれか。

(平成23年度 秋期 ITパスポート試験 問88)

ア． Bluetooth	イ． IEEE1394	ウ． PCI	エ． USB2.0

3.21 デュアルシステムの説明はどれか。

(平成24年度 秋期 ITパスポート試験 問57 改変)

ア．通常使用される主系と，故障に備えて待機している従系の2つから構成されるコンピュータシステム

イ．ネットワークで接続されたコンピュータ群が対等な関係である分散処理システム

ウ．ネットワークで接続されたコンピュータ群に明確な上下関係をもたせる分散処理システム

エ．2つのシステムで全く同じ処理を行い，結果をクロスチェックすることによって結果の信頼性を保証するシステム

3.22 ホットスタンバイ方式の説明として，適切なものはどれか。

(平成26年度 春期 ITパスポート試験 問56)

ア．インターネット上にある多様なハードウェア，ソフトウェア，データの集合体を利用者に対して提供する方式

イ．機器を2台同時に稼働させ，常に同じ処理を行わせて結果を相互にチェックすることによって，高い信頼性を得ることができる方式

ウ．予備機をいつでも動作可能な状態で待機させておき，障害発生時に直ちに切り替える方式

エ．予備機を準備しておき，障害発生時に運用担当者が予備機を立ち上げて本番機から予備機へ切り替える方式

3.23 シンクライアントの特徴として，適切なものはどれか。

(平成22年度 秋期 ITパスポート試験 問81)

ア．端末内にデータが残らないので，情報漏えい対策として注目されている。

イ．データが複数のディスクに分散配置されるので，可用性が高い。

ウ．ネットワーク上で，複数のサービスを利用する際に，最初に1回だけ認証を受ければすべてのサービスを利用できるので，利便性が高い。

エ．パスワードに加えて指紋や虹彩（こうさい）による認証を行うので機密性が高い。

3.24 コンピュータシステムが単位時間当たりに処理できるジョブやトランザクションなどの処理件数のことであり，コンピュータの処理能力を表すものはどれか。

(平成21年度 秋期 ITパスポート試験 問61)

ア．アクセスタイム　　　　　イ．スループット
ウ．タイムスタンプ　　　　　エ．レスポンスタイム

3.25
システムの性能を評価する指標と方法に関する次の記述中のa～cに入れる字句の適切な組合せはどれか。

（平成22年度 秋期 ITパスポート試験 問86）

利用者が処理依頼を行ってから結果の出力が終了するまでの時間を　a　タイム，単位時間当たりに処理される仕事の量を　b　という。また，システムの使用目的に合致した標準的なプログラムを実行してシステムの性能を評価する方法を　c　という。

	a	b	c
ア	スループット	ターンアラウンド	シミュレーション
イ	スループット	ターンアラウンド	ベンチマークテスト
ウ	ターンアラウンド	スループット	シミュレーション
エ	ターンアラウンド	スループット	ベンチマークテスト

3.26
あるシステムは5,000時間の運用において，故障回数は20回，合計故障時間は2,000時間であった。おおよそのMTBF，MTTR，稼働率の組合せのうち，適切なものはどれか。

（平成21年度 春期 ITパスポート試験 問61）

	MTBF（時間）	MTTR（時間）	稼働率（%）
ア	100	150	40
イ	100	150	60
ウ	150	100	40
エ	150	100	60

3.27
システムや機器の信頼性に関する記述のうち，適切なものはどれか。

（平成27年度 春期 ITパスポート試験 問64 改変）

ア．機器などに故障が発生した際に，被害を最小限にとどめるように，システムを安全な状態に制御することをフールプルーフという。

イ．高品質・高信頼性の部品や素子を使用することで，機器などの故障が発生する確率を下げていくことをフェールセーフという。

ウ．故障などでシステムに障害が発生した際に，システムの処理を続行できるようにすることをフォールトトレランスという。

エ．人間がシステムの操作を誤らないように，または，誤っても故障や障害が発生しないように設計段階で対策しておくことをフェールソフトという。

第4章 ソフトウェア

　コンピュータにある処理をさせる場合，人間が処理手順を書いたプログラム（ソフトウェア）が必要となる。さらに，そのプログラムを実行するためには，CPUなどのハードウェアに対して指示をするオペレーティングシステム（OS：Operating System）という特別なソフトウェアが必要になる。
　本章では，ソフトウェアの種類とその役割について学習する。

4.1 ソフトウェアの種類

　コンピュータに作業をさせるために必要となる「指示書」をプログラムという。プログラムは，プログラミング言語によって記述されている。プログラムの集まりをソフトウェアという。
　ソフトウェアには，OS，アプリケーションソフトウェア，ミドルウェアがある（図4-1 参照）。
　OSは，コンピュータのハードウェアや他のソフトウェアを動かすために必要となる最も基本的な仕事をするソフトウェアである。基本ソフトウェアともいう。
　アプリケーションソフトウェアは，特定の用途に応じて開発されたソフトウェアである。応用ソフトウェアともいう。
　ミドルウェアは，OSとアプリケーションソフトウェアの中間に位置するものであり，データベース管理システムやネットワーク管理システムなどがある。

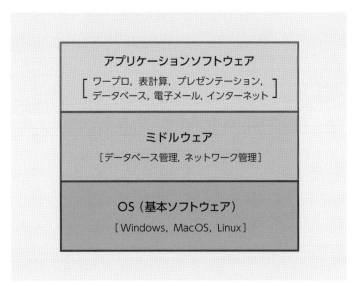

図4-1　ソフトウェアの種類

4.2 OS

4.2.1 OSの概要

OSは，各種アプリケーションソフトウェアを動作させるためのプラットフォームとしての役割を果たし，利用者やアプリケーションソフトウェアに対して，コンピュータのハードウェアやソフトウェア資源を効率よく提供するために必要な制御・管理機能を担っている（**図4-2**参照）。

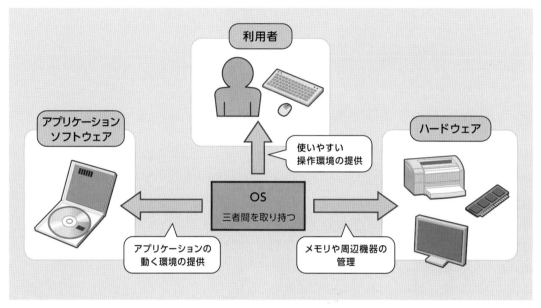

図4-2　OSの機能

ここで，WindowsパソコンPC）でのOSの働きを確認する。

WindowsPCの電源を入れた際，まずWindowsのロゴが画面に表示される。そのときにCPUが動作し，ハードディスクに記憶されているWindowsの起動プログラムであるBIOS（Basic Input/Output System：バイオス）がメインメモリに読み込まれている。そしてWindowsが完全に起動した状態になると，デスクトップが画面に表示され，これ以降，Webブラウザ，ワープロソフト，表計算ソフトといったアプリケーションソフトウェアが使用できる。これらのソフトウェアはすべて，Windows上で起動する。

4.2.2 OSの種類

OSには，PCなどの小型コンピュータ用のMicrosoftのWindowsやAppleのMacOS，主にワークステーション用のUNIX，オープンソースのLinux，スマートフォンやタブレット用のAndroidやiOSなどがある。

(1) Windows

Windowsは，Microsoftが1985年にアメリカでWindows1.0を販売開始してから，これまでバージョンアップされてきた主にPC用のOSである。画面上のアイコンをマウスでクリックすることによって操作ができるGUI（Graphical User Interface）を備えている（**図4-3**参照）。

なお，テキストでコマンドを入力して操作するものをCUI（Character User Interface）という。Windowsのアクセサリにあるコマンドプロンプトがこれに該当する（**図4-4**参照）。

図4-3　Windows 10の画面

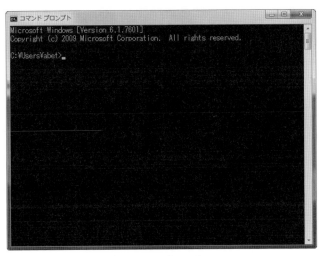

図4-4　コマンドプロンプトの画面

(2) MacOS

　MacOSは，AppleのMacintosh（マッキントッシュ）PC用のOSである。MacOSの前身にあたるのが，1984年に発売されたMacintoshに搭載されたOS（System1）である。Appleの日本語対応のOSは漢字Talkという名称であったが，1997年からは日本語対応のOSも含めてMacOSという名称になった。GUIをいち早く実現したのがMacOSであり，GUIの普及に大きく貢献した。2012年から名称がOS X（オーエステン）となった。

(3) UNIX

　UNIX（ユニックス）は，サーバなどに用いられるワークステーション用のOSである。1969年にAT&Tベル研究所で開発され，C言語で記述されている。

(4) Linux

Linux（リナックス）は，1991年，当時フィンランドのヘルシンキ大学に在籍していたリーナス・トーバルズが，UNIXをベースに開発したOSである。Linuxのソースコードはインターネット上に公開されており，世界中の多くのプログラマたちによって無償で開発・改良が続けられている。

(5) Android

Androidは，Googleが開発したOSである。無料提供されており，多くのメーカーで採用されている。基幹部分にLinuxを用いている。

(6) iOS

iOSは，Appleが自社製品用に開発した携帯機器（iPhoneやiPadなど）向けのOSである。

4.2.3　OSの機能

(1) アプリケーションソフトウェアの共通機能の提供

「保存」，「印刷」，「入出力」など，どのアプリケーションソフトウェアにも共通する機能を提供する。これにより，アプリケーションソフトウェアの開発効率が高まり，アプリケーションソフトウェア間の連携も容易になる。

アプリケーションソフトウェアがOSの機能の一部を利用するこのような仕組みをAPI（Application Program Interface）という。

(2) ファイル管理

コンピュータ内部のファイルはディレクトリ（Windowsではフォルダ）を用いることにより，階層的に保存されている（図4-5参照）。こうした階層構造は木（ツリー）の枝分かれを連想させるため木構造（tree structure）という。最上位のディレクトリをルートディレクトリ，その他のディレクトリをサブディレクトリという。現在，作業対象となっているディレクトリをカレントディレクトリ（現在位置）という。

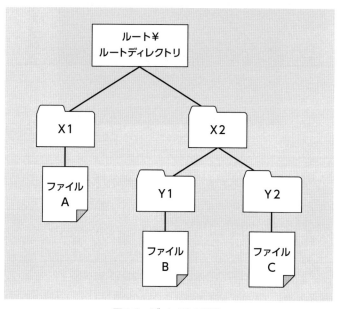

図4-5　ディレクトリ構造

ディレクトリで管理・保存されたファイルの場所を指定する場合，パスを用いる。パスの指定方法には，絶対パスと相対パスの2種類がある。

● **絶対パス**

ルートディレクトリを起点に，該当ファイルまでのパスを示す方法である。

図4-5において，ファイルAまでの絶対パスは「￥X1￥ファイルA」，ファイルBまでの絶対パスは「￥X2￥Y1￥ファイルB」となる。ディレクトリ間やファイルとの区切りを示す記号に，「￥」や「/（スラッシュ）」を用いる。絶対パスの指定方法では，パスの先頭には必ず￥を記述する。

● **相対パス**

カレントディレクトリを起点に，該当ファイルまでのパスを示す方法である。図4-5において，X1を起点としたファイルAまでの相対パスは「ファイルA」（ファイル名だけでよい），X2を起点としたファイルAまでの相対パスは「..￥X1￥ファイルA」，X2を起点としたファイルBまでの相対パスは「Y1￥ファイルB」，Y2を起点としたファイルBまでの相対パスは「..￥Y1￥ファイルB」となる。相対パスの指定では，「..」は1つ上のディレクトリ，「.」はカレントディレクトリを示す。

(3) ユーザ管理

複数のユーザを登録しておき，ユーザごとに切り替えて利用できるようにする機能である。アカウント管理，またはプロファイル管理ともいう。

(4) タスク管理

コンピュータが同時に複数のタスク（OSが処理する仕事の単位。人間からみた仕事の単位はジョブという）を処理できる仕組みをマルチタスクという（図4-6参照）。OSは，CPUを管理して，一定時間ごとに複数のタスクを順番に振り分けて処理をさせ，一度に複数のタスクを行っているように見せている。

WindowsPCで，複数のアプリケーションソフトウェアを同時に起動させておき，ウインドウを切り替えながらの作業ができるのは，Windowsのマルチタスク機能による。

図4-6　マルチタスク

マルチタスクを実現する技術の1つにスプーリング（spooling）がある。スプーリングは，高速な補助記憶装置を利用して入出力を行う仕組みである。例えば，プリンタに出力するデータを一時的にハードディスクに蓄えておいた後に処理をする。これによりCPUは出力データを送った時点で解放されるため，低速のプリンタ処理が終わるのを待つことなく，次の処理を行うことが可能となる。

(5) ユーティリティの提供

ユーティリティは，OSやアプリケーションソフトウェアの機能や操作性を向上させるために追加されるソフトウェアである。ハードディスク上にある不要なファイルをまとめて消去するディスククリーンアップや，ディスクのフラグメンテーション（断片化）を解消するディスクデフラグなどがある。

（6）メモリ管理

メモリの個々の記憶場所には，アドレスという数字が割り振られている。CPUはアドレスを参照して命令やデータの読み出しや書き込みを行っている。OSのメモリ管理はそのアドレスに関する機能全般を指す。ここではWindowsなどが備えている仮想記憶方式を取り上げる。

仮想記憶は，外部記憶装置をメインメモリの代わりに利用できる機能である。アプリケーションソフトウェアを実行する場合，そのプログラムは必ずメインメモリに記憶されていなければならない。しかし，同時に使用するアプリケーションソフトウェアが多くなると，メインメモリに記憶できない状態（メモリ不足）になってしまう。OSが仮想記憶方式を取り入れている場合，しばらく使用していないアプリケーションソフトウェアのプログラムをメインメモリからハードディスク上に作成された仮想的なメモリ領域（仮想メモリ）にいったん移し，メインメモリの空いた領域に別のアプリケーションソフトウェアのプログラムやデータをもってきて使用できる（このような入替作業をスワッピングという）。すなわち，メインメモリの記憶領域が不足していても，多くのプログラムやデータを扱える仕組みである。

仮想記憶方式のうちのページング方式を**図4-7**に示す。ページは，記憶領域（これをアドレス空間という）を一定の大きさ（4kバイトなど）に分割したものである。プログラムの個々の命令やデータの位置はページ番号とそのページ内の位置で管理されている。

しかし，ハードディスクなどの外部記憶装置はメインメモリよりも処理速度が遅いため，スワッピングが発生すると処理速度が低下してしまう。そのため，根本的な解決方法としては，実メモリ空間を増やすためのメモリ増設が必要となる。

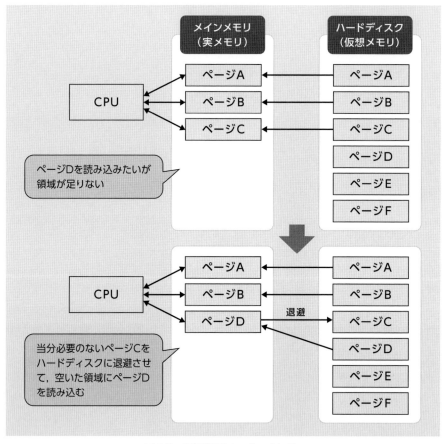

図4-7 仮想記憶（ページング方式）

(7) ヒューマンインタフェースの提供

コンピュータ利用者がコンピュータを操作するためのヒューマンインタフェース環境を提供する。ヒューマンインタフェースは，利用者とコンピュータ間でやり取りするための接点となる部分である。PCでは，ウインドウ，アイコンやボタンによる視覚的な画面が表示され，マウスを用いてより簡単に操作できるGUIが用いられている。

GUIに使われる主な部品と説明を図4-8と図4-9に示す。

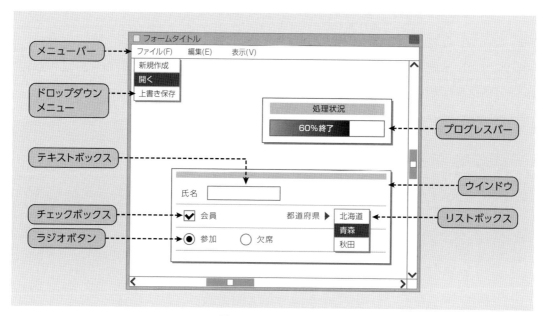

図4-8　GUIの主な部品

メニューバー	ウインドウ上部のメニュー項目が並べられた部分
ドロップダウンメニュー（プルダウンメニュー）	垂れ下がって表示されるメニュー項目を選択するための機能
プログレスバー	作業の進捗状況を視覚的に表示するためのバー
テキストボックス	キーボードで文字や数字を入力するための枠
チェックボックス	表示された項目から必要なものを選択するための領域
ラジオボタン	表示された複数の項目から1つを選択するためのボタン
リストボックス	リストで表示された入力データの選択肢を，マウスやキーボードで選択するための機能

図4-9　GUIの部品の説明

4.3 アプリケーションソフトウェア

4.3.1 アプリケーションソフトウェアの概要

アプリケーションソフトウェアは，ある特定の作業を行うためのソフトウェアである。文書作成，メール作成・送受信，Webページ閲覧，映像再生，ゲーム，グラフィックスなど様々なものがある。基本的な機能を提供するOSを基本ソフトウェアと呼ぶのに対し，特定目的に応用されるアプリケーションソフトウェアを応用ソフトウェアと呼ぶ。

4.3.2 アプリケーションソフトウェアの種類

本項では，学校や大学，企業や公共機関などで広く使用されている代表的なアプリケーションソフトウェアを取り上げる。

(1) ワープロソフト

ワープロソフトは，文書を作成するためのソフトウェアである。文字の装飾機能や文書のレイアウト機能が充実している。ワープロソフトには，MicrosoftのWord（ワード）やジャストシステムの一太郎（いちたろう）などの製品がある。

文字データを入力・編集する簡易的なアプリケーションソフトウェアにテキストエディタがある。テキストエディタは，ワープロソフトに比べるとその機能はごく限られたものになるが，その分，軽快に動作するなどの利点もある。

(2) 表計算ソフト

表計算ソフトは，数値データを集計したり分析したりするための計算表を作成し，表からグラフの作成ができるソフトウェアである。データを検索したり，該当データを抽出したりするデータベース機能も備えている。行と列からなる多数のセルが並んだワークシートまたはスプレッドシートを利用する。MicrosoftのExcel（エクセル）が代表的な製品である。

(3) プレゼンテーションソフト

プレゼンテーションソフトは，プレゼンテーション時に提示する資料（スライド）を作成するためのソフトウェアである。ビジュアル的に訴求するためのスライド作成機能を備え，例えば見栄えのよいテンプレート（ひな型）なども充実している。MicrosoftのPowerPoint（パワーポイント）が代表的な製品である。

(4) データベースソフト

データベースソフトは，大量のデータを管理するためのソフトウェアである。データベースの定義，データベース内のデータの検索・抽出機能や並べ替え機能をもつ。現在では，表形式のデータベース（これをリレーショナルデータベースという）が主であるため，リレーショナルデータベースを扱うソフトウェアが多く開発されている。MicrosoftのAccess（アクセス）が代表的な製品である。

(5) Webブラウザ（WWWブラウザ）

Webブラウザは，インターネットのWebページを閲覧するためのソフトウェアである。テキストや画像表示，音声や動画の再生などもできる。主なブラウザに，GoogleのGoogle Chrome（グーグル・クローム），MicrosoftのInternet Explorer（インターネットエクスプローラ），AppleのSafari（サファリ），MozillaのFirefox（モジラ ファイアフォックス）などがある。ブラウズ（browse）には，もともと「ざっと目を通す」，「拾い読みする」などの意味があり，現在では「インターネットを閲覧する」の意味がある。

(6) メールソフト

メールソフトは，電子メールの作成，インターネット経由でのメール送受信，受信メールの管理などを行うソフトウェアである。メーラーともいう。文書以外にも画像やファイルを添付して送受信できる。MicrosoftのWindows LiveメールやOutlook（アウトルック），MozillaのThunderbird（サンダーバード）などがある。

4.4 プログラム

4.4.1 プログラムとプログラミング

コンピュータに仕事をさせるには，その仕事の一連の手順を命令の形で人間が与えなければならない。その命令の集まりがプログラム（コンピュータプログラム）である。プログラムは，C，Java，COBOLなどのプログラミング言語によって記述されている。コンピュータは人間から与えられたプログラムの命令を1つ1つ忠実に実行しているに過ぎない。なお，プログラムを作成する作業をプログラミングという。

4.4.2 プログラミング言語の種類

プログラミング言語には，目的や用途に応じて様々なものがある。

(1) 機械語

機械語（machine language）は，コンピュータが唯一理解できるプログラミング言語である。マシン語ともいう。0と1を組み合わせた2進数で表されている。そのため，人間には理解しづらく，機械語を使ってプログラムを作成することは非常に困難であった。

(2) アセンブリ言語

アセンブリ言語（assembly language）は，機械語の命令とほぼ1対1に対応する構文をもつプログラミング言語である。英単語に近いadd（足し算）やmov（転送）などの命令がある。アセンブリ言語は，コンピュータが直接理解できない言語であるため，アセンブラ（assembler）という翻訳プログラムで機械語に翻訳する必要がある。

コンピュータ寄りの機械語とアセンブリ言語を低水準言語（低級言語）という。

(3) 高水準言語

高水準言語は，人間が扱いやすいように，英単語などで記述された命令を用いるプログラミング言語である。高級言語ともいう。高水準言語もアセンブリ言語と同様にコンピュータが直接理解できない言語であるため，言語プロセッサという翻訳プログラムで機械語に翻訳する必要がある（図4-10参照）。翻訳前のプログラムを原始プログラム（ソースプログラムあるいはソースコード），翻訳後のプログラムを目的プログラム（オブジェクトモジュールあるいはオブジェクトコード）という。ただし，目的プログラムはこのままでは単独で実行できないため，連係編集プログラム（リンカ）を用いて，目的プログラムから実行形式のロードモジュールを生成する。

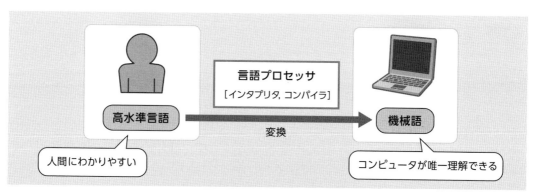

図4-10　高水準言語から機械語への変換

第4章 ソフトウェア

4.4.3 言語プロセッサの種類

(1) コンパイラ

コンパイラ (compiler) は，高水準言語で書かれた原始プログラムのすべてを一括して翻訳するソフトウェアである。コンパイラが翻訳する作業をコンパイル (compile) という。

機械語に翻訳して実行可能なプログラムを一度作成すれば，それを何度でも実行でき，実行の都度の翻訳作業を省くことができるため処理速度が速い。

(2) インタプリタ

インタプリタ (interpreter) は，実行時に原始プログラムの1命令ずつ逐次翻訳・実行するソフトウェアである。インタプリタ（通訳者）の名のとおり，同時通訳のような働きをする。翻訳作業をしながらの実行のため，コンパイラ方式に比べると処理速度が遅くなる。

例題 4-1

コンピュータで実行可能な形式の機械語プログラムを何と呼ぶか。

(平成25年度 春期 ITパスポート試験 問60)

ア．オブジェクトモジュール
イ．ソースコード
ウ．テキストデータ
エ．ロードモジュール

解説 コンピュータで実行可能な形式のロードモジュールの作成手順を以下に示す。

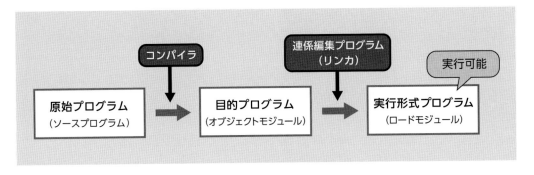

解答 エ

4.4.4 高水準言語の種類

(1) Fortran（フォートラン）

Fortran（Formula translation）は，1956年にIBMによって開発された科学技術計算向けの世界で最初の高水準言語である。数式に似た記述ができる。

(2) COBOL（コボル）

COBOL（COmmon Business Oriented Language）は，事務処理向けの言語である。名前は共通の業務用言語を意味する。1959年にCODASYL（Conference/Committee On DAta SYstems Languages：データシステムズ言語協会）によって開発された。英語に近い構文をもつ。

(3) BASIC（ベーシック）

BASICは，コンピュータ教育用の言語である。1964年にダートマス大学の数学者ジョン・ケメニー（John George Kemeny）とトーマス・カーツ（Thomas Eugene Kurtz）によって開発された。Fortranの文法を基にしている。当初はメインフレーム用の言語であったが，1975年に，ビル・ゲイツとポール・アレンがPC用に作成しなおして以降，初心者向け学習用の言語として普及した。現在では，MicrosoftのVisual Basicが主流となっている。

(4) C（シー）

Cは，ワークステーション用OSのUNIXを開発するための言語である。1972年にAT＆Tベル研究所のブライアン・カーニハン（Brian Wilson Kernighan）とデニス・リッチー（Dennis MacAlistair Ritchie）によって開発された。

(5) C++（シープラプラ）

C++は，Cを拡張した言語である。1983年にビャーネ・ストロヴストルップ（Bjarne Stroustrup）によって開発された。Cで作成されたプログラムはUNIXで動くものが多いのに対して，C++によるプログラムはWindows上で動くものが多い。

(6) Java（ジャバ）

Javaは，1995年にサン・マイクロシステムズ（2010年にオラクルが買収）によって開発された。C++を基にしている。

(7) JavaScript（ジャバスクリプト）

JavaScriptは，1995年にサン・マイクロシステムズとネットスケープ・コミュニケーションズ（1998年にAOLが買収）によって開発された。Javaと似ているためにこの名称がつけられたが，別の言語であり互換性はない。動きのあるWebページを作成するために必要なスクリプト（一連の処理手順を記述したもの）を作成するための言語である。

(8) Perl（パール）

Perlは，1987年にラリー・ウォール（Larry Wall）によって開発された。Webページの掲示板やアクセスカウンタなどのように表示内容を変化させる仕組みを実現するためのCGI（Common Gateway Interface）の開発に用いられる。

4.4.5 その他の言語

本項では，4つのマークアップ言語（markup language：記述言語ともいう）を取り上げる。マークアップ言語は，文書（テキスト）に構造や意味，装飾などの情報を盛り込むための言語である。「タグ」と呼ばれる特定の文字列をテキスト中に埋め込んで記述する。

(1) SGML

SGML（Standard Generalized Markup Language）は，GML（Generalized Markup Language）を

基に1986年にISO 8879として標準化されたマークアップ言語である。GMLは，特定のハードウェアやソフトウェアの種類に依存しない文書の電子化や管理を行うために1979年にIBMで開発された。SGMLは，米軍などで航空機のマニュアルの電子化を行う際の標準データ形式として採用されている。

(2) HTML

HTML（HyperText Markup Language）は，Webページを作成するためのマークアップ言語である（6.3.4項参照）。Web技術の標準化団体であるW3C（World Wide Web Consortium）によって規格化されている。HTMLは，SGMLの考え方に基づいてWeb向けに作成された。

(3) XML

XML（eXtensible Markup Language）は，利用者が独自のタグを自由に定義して使用できるマークアップ言語である。電子商取引などの用途で広く用いられている。

(4) XHTML

XHTML（eXtensible HyperText Markup Language）は，HTMLをXMLの文法で定義しなおしたマークアップ言語である。目的は，広く普及したHTMLにXMLの特徴である拡張性や柔軟性を導入し，従来よりもさらに使い勝手をよくすることである。

以上の4つのマークアップ言語の関係を**図4-11**に示す。

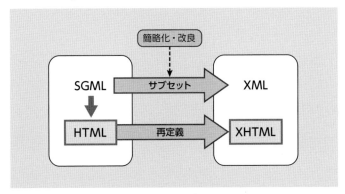

図4-11 マークアップ言語の関係

4.5 パッケージソフトウェア

パッケージソフトウェア（packaged software）は，ソフトウェアを保存した記憶メディア（DVD-ROMやCD-ROM），マニュアル類，ユーザ登録証などが包装されて家電量販店などで販売されているソフトウェア製品である。

会社などの組織におけるパッケージソフトウェア導入の利点は，自社での業務内容に即したアプリケーションソフトウェアを独自に，あるいは外注して開発する場合に比較すると，非常に安価でかつ購入後すぐに利用可能な点である。

4.6 オープンソースソフトウェア

オープンソースソフトウェア（OSS：Open Source Software）は，ソフトウェアのソースコードが公開され，自由に改良・再配布ができるソフトウェアである。OSのLinuxやAndroidもこれに該当する。無料提供が基本だが，一部有償のものも存在する。

OSI（Open Source Initiative）が策定したオープンソースの定義（OSD：The Open Source Definition）を以下に示す。OSIは，オープンソースソフトウェアの促進を目的とする組織である。

- 自由な再頒布ができること
- ソースコードを入手できること
- 派生物が存在でき，派生物に同じライセンスを適用できること
- 差分情報の配布を認める場合には，同一性の保持を要求してもかまわない
- 個人やグループを差別しないこと
- 利用する分野を差別しないこと
- 再配布において追加ライセンスを必要としないこと
- 特定製品に依存しないこと
- 同じ媒体で配布される他のソフトウェアを制限しないこと
- 技術的な中立を保っていること

例題 4-2

オープンソースソフトウェアに関する記述として，適切なものはどれか。

（平成21年度 春期 ITパスポート試験 問55）

ア．一定の試用期間の間は無料で利用することができるが，継続して利用するには料金を支払う必要がある。
イ．公開されているソースコードは入手後，改良してもよい。
ウ．著作権が放棄されている。
エ．有償のサポートサービスは受けられない。

解説 アはシェアウェアの説明。ウは，著作権は放棄されていないので誤り。エは有償のサポートサービスを受けられるものも存在するので誤り。

解答 イ

4.7 流れ図

プログラムは，コンピュータに行わせる処理手順や計算手順をプログラミング言語によって記述したものである。その処理手順や計算手順をアルゴリズム（algorithm）といい，それを視覚的に表したものが流れ図（フローチャート：flowchart）である。流れ図に用いる代表的な記号を図4-12に示す。

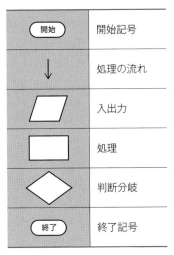

図4-12　流れ図に用いる記号

次に，基本的なプログラムの構造を流れ図で示す。

順次構造は，連接処理ともいい，処理を順番に実行する最も基本的な構造である（**図4-13**）。

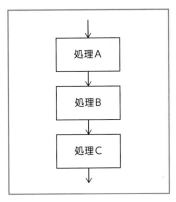

図4-13　順次構造

選択（分岐）構造は，条件によって処理が枝分かれする構造である（**図4-14**参照）。

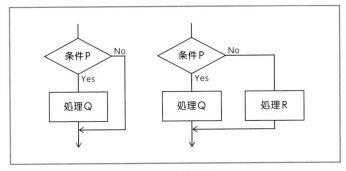

図4-14　選択構造

　反復構造は，反復条件を満たしている間は処理を繰り返す構造である（**図4-15**）。反復構造には前判定型と後判定型の2種類がある。前判定型では繰り返しの対象となっている処理が一度も実行されない場合があるが，後判定型では繰り返しの対象となっている処理が最低1回は実行される。

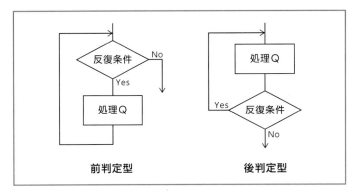

図4-15　反復構造

例題 4-3

コンピュータを利用するとき，アルゴリズムは重要である。アルゴリズムの説明として，適切なものはどれか。　　　　　　　　　　　　(平成25年度 春期 ITパスポート試験 問53)

　　ア．コンピュータが直接実行可能な機械語に，プログラムを変換するソフトウェア
　　イ．コンピュータに，ある特定の目的を達成させるための処理手順
　　ウ．コンピュータに対する一連の動作を指示するための人工言語の総称
　　エ．コンピュータを使って，建築物や工業製品などの設計をすること

解説　アはインタプリタやコンパイラなどの言語プロセッサの説明。ウはプログラミング言語，エはCAD (Computer Aided Design) のことである。

解答　イ

4.8 データ構造

　プログラムを作成する場合，データをどのような構造でもつのかを考える必要がある。ここでは5つの代表的なデータ構造を取り上げる。

(1) 配列

　配列は，同じ型のデータを複数個並べたデータ構造である（**図4-16**参照）。データには配列名をつけ，個々のデータには添字をつけて識別する。

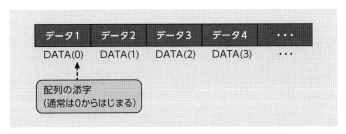

図4-16　配列

(2) リスト構造

リスト構造は，データ部とポインタ部から構成されたデータ構造である（図4-17参照）。ポインタ部には次のデータの格納場所（アドレス）を示すポインタが管理され，これをたどることでデータの順番がわかる。

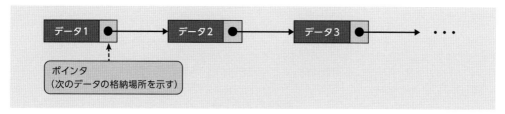

図4-17　リスト構造

(3) キュー

キューは，最初に入力されたデータから順に取り出すデータ構造である（図4-18参照）。待ち行列ともいう。この仕組みを先入れ先出し（FIFO：First In First Out）という。

図4-18　キュー

(4) スタック

スタックは，データを積み重ねるようにして格納し，最後に入力されたデータから順に取り出すデータ構造である（図4-19参照）。この仕組みを後入れ先出し（LIFO：Last In First Out）という。スタックにデータを入れる操作をPUSH（プッシュ），データを取り出す操作をPOP（ポップ）という。

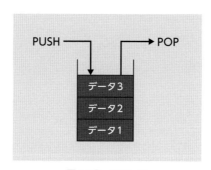

図4-19　スタック

(5) 木構造

木構造は，OSのファイル管理などで用いられているデータ構造であり，木の枝のように分かれていく上下関係のある構造である（4.2.3項参照）。

第4章 演習問題

4.1 PCの起動時に動作するプログラムの種類をBIOS (Basic Input/Output System)，OS，常駐アプリケーションプログラムの3つに大別した場合，これらのプログラムを実行される順に並べたものはどれか。

（平成25年度 春期 ITパスポート試験 問66 改変）

ア．BIOS，OS，常駐アプリケーションプログラム
イ．OS，BIOS，常駐アプリケーションプログラム
ウ．OS，常駐アプリケーションプログラム，BIOS
エ．常駐アプリケーションプログラム，BIOS，OS

4.2 PCのOSに関する記述のうち，適切なものはどれか。

（平成22年度 春期 ITパスポート試験 問56 改変）

ア．OSが異なっていてもOSとアプリケーションプログラム間のインタフェースは統一されているので，アプリケーションプログラムはOSの種別を意識せずに処理を行うことができる。
イ．OSはアプリケーションプログラムに対して，CPUやメモリ，補助記憶装置などのコンピュータ資源を割り当てる。
ウ．OSはファイルの文字コードを自動変換する機能をもつので，アプリケーションプログラムは，ファイルにアクセスするときにファイル名や入出力データの文字コード種別の違いを意識しなくても処理できる。
エ．アプリケーションプログラムが自由にOSの各種機能を利用できるようにするために，OSには，そのソースコードの公開が義務づけられている。

4.3 OSに関する記述のうち，適切なものはどれか。

（平成25年度 秋期 ITパスポート試験 問70 改変）

ア．1台のPCに複数のOSをインストールしておき，起動時にOSを選択できる。
イ．OSはPCを起動させるためのアプリケーションプログラムであり，PCの起動後は，OSは機能を停止する。
ウ．OSはグラフィカルなインタフェースをもつ必要があり，すべての操作は，そのインタフェースで行う。
エ．OSは，ハードディスクドライブだけから起動することになっている。

第4章 ソフトウェア

4.4 PCのOSに関する記述のうち，適切なものはどれか。

（平成26年度 春期 ITパスポート試験 問78 改変）

ア．1台のPCにインストールして起動することのできるOSは1種類だけである。
イ．64ビットCPUに対応するPC用OSは開発されていない。
ウ．OSのバージョンアップに伴い，旧バージョンのOS環境で動作していたすべてのアプリケーションソフトは動作しなくなる。
エ．PCのOSには，ハードディスク以外のCD-ROMやUSBメモリなどの外部記憶装置を利用して起動できるものもある。

4.5 木構造を採用したファイルシステムに関する記述のうち，適切なものはどれか。

（平成21年度 秋期 ITパスポート試験 問87 改変）

ア．階層が異なれば同じ名称のディレクトリが作成できる。
イ．カレントディレクトリは常に階層構造の最上位を示す。
ウ．相対パス指定ではファイルの作成はできない。
エ．ファイルが1つも存在しないディレクトリは作成できない。

4.6 マルチタスクの説明として，適切なものはどれか。

（平成24年度 春期 ITパスポート試験 問71 改変）

ア．CPUに演算回路などから構成されるプロセッサコアを複数個実装する方式
イ．ネットワークを介して接続された複数のコンピュータを連携させて，高性能なシステムを実現する方式
ウ．1つの命令で，複数のデータに対して同じ処理を行わせる方式
エ．複数のプロセスにCPUの処理時間を順番に割り当てて，プロセスが同時に実行されているように見せる方式

4.7 ファイルを4冊だけ置くことができる机で，A〜Fの6個のファイルを使って仕事をする。机上に5冊目のファイルを置きたいとき，机上の4冊のファイルのうち，最後に参照してから最も時間が経過しているファイルを引き出しにしまうことにする。ファイルがA, B, C, D, B, A, E, A, B, Fの順で必要になった場合，最後に引き出しにしまうファイルはどれか。

（平成21年度 春期 ITパスポート試験 問85）

ア．A　　　　イ．B　　　　ウ．D　　　　エ．E

4.8 OSの機能の1つである仮想記憶方式の目的はどれか。

（平成21年度 秋期 ITパスポート試験 問59 改変）

ア．OSが使用している主記憶の領域などに，アプリケーションプログラムがアクセスすることを防止する。
イ．主記憶の情報をハードディスクに書き出してから電力供給を停止することで，作業休止中の電力消費を少なくする。
ウ．主記憶の容量よりも大きなメモリを必要とするプログラムも実行できるようにする。
エ．主記憶よりもアクセスが高速なメモリを介在させることによって，CPUの処理を高速化する。

4.9 PCの操作画面で使用されているプルダウンメニューに関する記述として，適切なものはどれか。

(平成25年度 春期 ITパスポート試験 問65 改変)

ア．エラーメッセージを表示したり，少量のデータを入力したりするために用いる。

イ．画面に表示されている複数の選択項目から，必要なものをすべて選ぶ。

ウ．キーボード入力の際，過去の入力履歴を基に次の入力内容を予想し表示する。

エ．タイトル部分をクリックすることで選択項目の一覧が表示され，その中から1つ選ぶ。

4.10 OSが，ジョブを到着順に，前のジョブが終わってから次のジョブを処理する場合について考える。ジョブの到着時刻と処理時間が表のとおりであるとき，ジョブ4は，到着してからその処理が終了するまでに何秒を要するか。ここで，4つのジョブ以外の処理に要する時間は無視できるものとする。表の到着時刻は，ジョブ1が到着した時刻を開始時刻とする。

(平成22年度 春期 ITパスポート試験 問76 改変)

	到着時刻	処理時間
ジョブ1	0秒後	3秒
ジョブ2	4秒後	4秒
ジョブ3	5秒後	3秒
ジョブ4	7秒後	5秒

ア．5　　　イ．8　　　ウ．9　　　エ．12

4.11 1台のCPUと1台の出力装置で構成されているシステムで，表の3つのジョブを処理する。3つのジョブはシステムの動作開始時点ではいずれも処理可能状態になっている。CPUと出力装置のそれぞれにおいて，ジョブ1，ジョブ2，ジョブ3の順に処理する。CPUと出力装置は独立して動作するが，出力装置はそれぞれのジョブのCPU処理が終了してから実施可能になる。ジョブ3の出力が完了するのは，ジョブ1の処理開始時点から何秒後か。

(平成25年度 春期 ITパスポート試験 問57 改変)

	CPU時間	出力時間
ジョブ1	35秒	10秒
ジョブ2	20秒	20秒
ジョブ3	5秒	25秒

ア．30　　　イ．45　　　ウ．100　　　エ．115

第4章 ソフトウェア

4.12 プログラムの実行方式としてインタプリタ方式とコンパイラ方式がある。図は，データを入力して結果を出力するプログラムの，それぞれの方式でのプログラムの実行の様子を示したものである。a, bに入れる字句の適切な組合せはどれか。

(平成25年度 秋期 ITパスポート試験 問55)

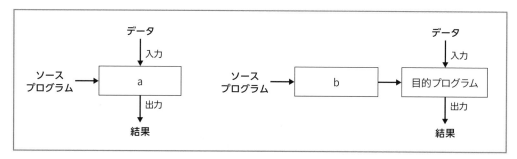

	a	b
ア	インタプリタ	インタプリタ
イ	インタプリタ	コンパイラ
ウ	コンパイラ	インタプリタ
エ	コンパイラ	コンパイラ

4.13 業務アプリケーションソフトウェアを独自に開発せず，ソフトウェアパッケージを導入する目的として，最も適切なものはどれか。

(平成21年度 春期 ITパスポート試験 問76)

ア．開発環境の充実　　　　　イ．開発コストの削減
ウ．開発手法の習熟　　　　　エ．開発担当者のスキルの向上

4.14 OSS (Open Source Software) に関する記述a～cのうち，適切なものだけをすべて挙げたものはどれか。

(平成26年度 春期 ITパスポート試験 問67 改変)

a. ソースコードではなくコンパイル済みのバイナリ形式だけでソフトウェアを入手できる方法が用意されていればよい。

b. 配布に当たって，利用分野または使用者 (個人やグループ) を制限することができる。

c. 例として，OSのLinuxや関係データベース管理システムのPostgreSQLが挙げられる。

ア．a　　　イ．a, b　　　ウ．b, c　　　エ．c

第5章 データベース

本章では、情報社会で生み出される大量のデータを管理し利用するためのデータベースについて学習する。

5.1 データベースとは

データベース（Database）は、データを統合的に管理するための技術である。データベースは、本来は共有を意図して蓄積されたデータの集まりを意味する用語であったが、広義的には、そのデータの集まりと、それを効率よく扱うためのソフトウェアであるデータベース管理システム（DBMS：Data Base Management System）の2つを合わせたものを指しており、データベースシステムともいう（**図5-1**参照）。

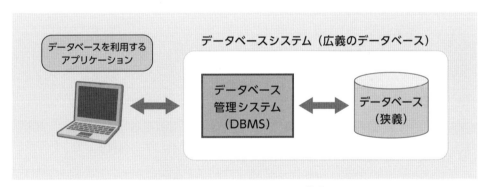

図5-1　データベースシステムの構成

データベースには次のような利点がある。

① 基本的にデータの重複が発生せずに一元化が実現できる。そのためデータの冗長性は高くならずに済む。
② 共有化や標準化が促進され、データの保全性（整合性）が向上する。
③ データをプログラムから切り離して管理できる。つまりデータを修正してもプログラムの修正にはつながらない（データの独立性が向上）。
④ セキュリティ関係の機能が充実しているため、データの安全性が高い。
⑤ 操作性が高いため、エンドユーザが簡単に使うことができる。

5.2 データベースの種類

データベースは，使用するデータ構造（モデル）によって，階層モデル，ネットワークモデル，関係モデルの3つに分けられる。

(1) 階層モデル

階層モデルは，ピラミッド型でデータを表現する木構造のモデルである。（**図5-2**参照）。データの親子関係を階層で表す階層モデルでは，子データの親データは必ず1つである。単純でわかりやすく，定型処理のアクセス高速化が可能であることが階層モデルの利点である。しかし，親を1つしか定義できず，複雑な実世界の対象を表しきれない場合がある。

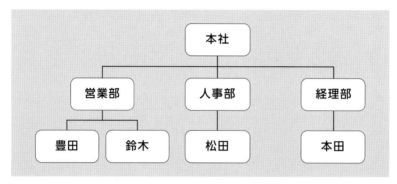

図5-2　階層モデル

(2) ネットワークモデル

ネットワークモデルは，階層モデルと異なり，子データに対する親データを複数個定義できる網構造のモデルである（**図5-3**参照）。複雑な実世界の対象を表しきれない階層モデルの欠点を改善しているものの，網の目のような構造のため，アクセス処理が複雑で低速になる場合がある。

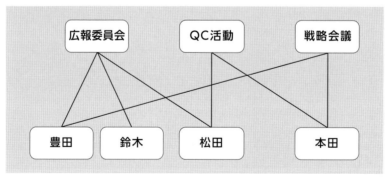

図5-3　ネットワークモデル

(3) 関係モデル

関係モデルは，2次元の表でデータを表現するモデルである（**図5-4**参照）。関係モデルで用いる2次元の表を，リレーション（関係，テーブル）という。階層モデルやネットワークモデルは，どちらも複雑な構造が定義された場合には，データ操作手続きが極めて煩雑になる欠点があるため，操作性に優れる関係モデルが現在最も普及している。

社員表				部署表	
社員コード	社員名	部署コード		部署コード	部署名
1992001	豊田	300		100	人事部
1998003	鈴木	300		200	経理部
2005001	松田	100		300	営業部
2010006	本田	200			

図5-4　関係モデル

例題5-1

データモデルに関する記述のうち，適切なものはどれか。

(平成16年度 春期 テクニカルエンジニア(データベース)試験 午前 問22)

ア．階層モデルは，多対多のレコード関係を表現するのに適している。

イ．ネットワークモデルは，子レコードはただ1つの親レコードに属する。

ウ．関係モデルは，行と列からなる表で表現できる。

エ．関係モデルは，データの親子関係を階層で表す。

解説 階層モデルは，1対多の親子関係を表現する。ネットワークモデルでは，子レコードは複数の親レコードに属することができる。関係モデルでは親子の階層関係は存在しない。

解答 ウ

5.3 関係データベースの構成要素

　データ表現に関係モデルを用いたものが関係データベースである。関係データベースのそれぞれのリレーションにはリレーション名がつけられ，リレーションの行をレコードまたは組（タプル），列を属性（アトリビュート）または項目（フィールド）という（図5-5参照）。

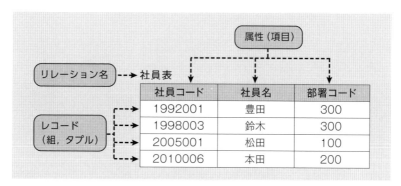

図5-5　関係データベースの構成要素

第5章 データベース

　関係データベースでは，1件のデータは1つの行（レコード）として格納されるため，行を特定するための識別子が必要となる。識別子となる属性を主キー（primary key）という。主キーには，他と一緒ではないユニーク（一意）な番号，例えば，学籍番号や社員番号などが用いられる。また，複数の属性から構成される主キーもある。関係データベースでは，属性値が未知のものや未決定のものにNULL（ナル）値を使用できるが，主キーとする属性の値には使用できない。

　また，外部キー（foreign key）は，他のリレーションの主キーになっている属性である。

　主キーと外部キーの例を図5-6に示す。リレーション「社員表」における主キーは社員コード，リレーション「部署表」における主キーは部署コードであり，これらによって各リレーションのレコードを一意に特定できる。また「社員表」における外部キーは部署コードであり，部署コードは別のリレーション「部署表」の主キーである。これを用いることで「社員表」と「部署表」を関連づけることができる。

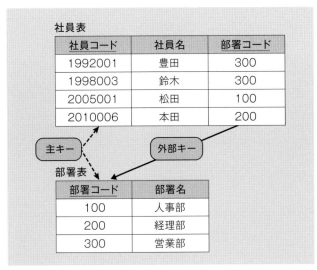

図5-6　主キーと外部キー

例題5-2

関係データベースの主キーに関する記述のうち，適切なものはどれか。

(平成21年度 秋期 ITパスポート試験 問84 改変)

ア．関係データベースの各表は，主キーだけで関係づけられる。
イ．主キーとして指定した項目は，NULLを属性値としてもつことができる。
ウ．1つの表において，主キーとして指定した項目の値に同一のものがあってもよい。
エ．1つの表において，複数の項目を組み合わせて主キーとしてもよい。

解説　関係データベースの各表は，主キーを参照する外部キーによって関係づけられる。主キーは複数の属性（項目）から構成される場合がある。また，NULLを属性値としてもつことができず，項目の値に同一のものがあってはならない。

解答　エ

5.4 関係データベースの集合演算

関係データベースでは，リレーション内のレコードを集合と考え，和演算，差演算，積演算を行うことができる。和演算，差演算，積演算は，次のような演算であり，同じ属性で構成される2つのリレーションを対象として行うことができる。

(1) 和 …… 2つの集合の和をとる演算
(2) 差 …… 2つの集合の差分をとる演算
(3) 積 …… 2つの集合の両方に含まれるものを取り出す演算

(1) 和演算

和演算は∪（カップ）の記号で表す。和演算の例を図5-7に示す。和演算では，2つのリレーションに共通するレコードは1つになる。

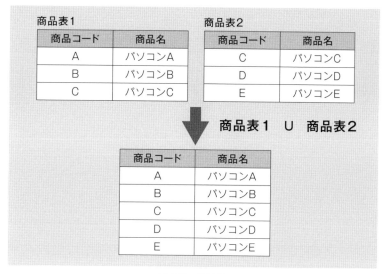

図5-7　和演算

(2) 差演算

差演算は−の記号で表す。差演算の例を図5-8に示す。

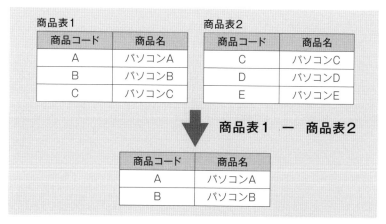

図5-8　差演算

(3) 積演算

積演算は∩（キャップ）の記号で表す。積演算の例を**図5-9**に示す。積演算では，2つのリレーションに共通するレコードが取り出される。

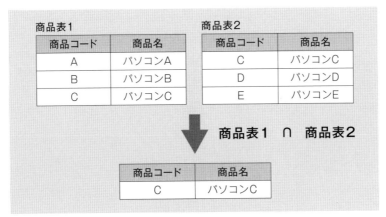

図5-9　積演算

5.5 関係データベースの関係演算

関係データベース専用の関係演算に，「射影」，「選択」，「結合」の3つの演算がある。

(1) 射影

射影（Projection）は，リレーションから任意の列を取り出して，新しいリレーションを作成する（列が減る）演算である（**図5-10**参照）。

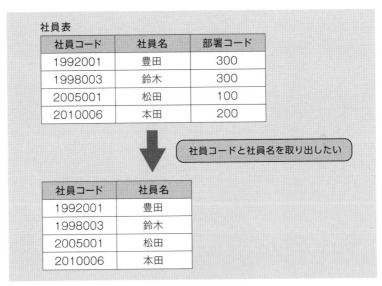

図5-10　射影演算

(2) 選択

選択（Selection）は，リレーションから条件に合う行を取り出して，新しいリレーションを作成する（行が減る）演算である（**図5-11**参照）。

図5-11　選択演算

(3) 結合

結合（Join）は，2つ以上のリレーションを共通する列でつなげて，1つのリレーションを作成する（列が増える）演算である（**図5-12**参照）。

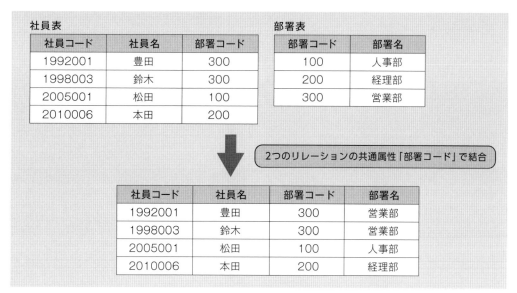

図5-12　結合演算

例題5-3

関係データベースにおいて，表の中から特定の列だけを取り出す操作はどれか。

（平成16年度 春期 基本情報技術者試験 午前 問68）

ア．結合（join）　　イ．射影（projection）　　ウ．選択（selection）　　エ．和（union）

解説 図5-10を参照のこと。射影以外の関係データベース専用の演算（関係演算）には，次のようなものがある。

- 選択 …… 表から特定の条件を満たす行を取り出すこと
- 結合 …… 共通の列を基に複数の表を結合して新しい表を作ること

なお，エの和演算は，集合演算である。

解答 イ

5.6 正規化

　正規化は，リレーションを正規形にすることである。正規化により，同じデータを重複して記憶するなどのムダをなくし（冗長性を排し），データの更新漏れによるデータの不一致（矛盾）を防止できる。正規化の具体的な作業はリレーションの分割である。正規形には，第1～第5までの5種類の正規形や，Boyce-Codd（ボイスコッド）正規形が存在するが，実務的には第3正規形まで分割することが多い。以下に，第3正規形までの手順を説明する。

(1) 非正規形の第1正規化

　図5-13に，売上伝票からリレーションを作成する最初の手順を示す。この段階では，属性の値に繰り返しがある。これを非正規形という。このままではリレーションとして不都合なため，繰り返された値を個々の行に独立させて，1行ずつ管理できるようにする。この作業を第1正規化といい，値の繰り返しを排して作成されたリレーションが第1正規形である（図5-14参照）。すなわち第1正規形にあっては，リレーションの属性値は単純な値であり，値の繰り返しであってはならないという制約がある。

図5-13　非正規形

伝票番号	顧客番号	顧客名	売上日	商品番号	商品名	単価	数量
1001	910	ABC商事	4月30日	A555	商品A	50,000	20
1001	910	ABC商事	4月30日	B666	商品B	20,000	10
1001	910	ABC商事	4月30日	C222	商品C	30,000	60
1002	407	XYZ通商	5月6日	B666	商品B	20,000	50
1002	407	XYZ通商	5月6日	C222	商品C	30,000	30

図5-14　第1正規形

(2) 第2正規化

　第2正規化は，第1正規形のリレーションの部分関数従属する属性を分割して第2正規形にすることである。ここで関数従属は，ある属性の値が決まると自動的に別の属性の値が一意に決まり従属する関係であり，部分関数従属は，主キーの一部に関数従属することである。図5-15に，図5-14の第1正規形のリレーションにおける関数従属を矢印で示す。まずリレーションの主キーは「伝票番号」と「商品番号」の2つの属性からなり，これらの値が決まれば「数量」の値が一意に決まる。一方，主キーの一部の「伝票番号」の値が決まれば，「顧客番号」，「顧客名」，「売上日」の3つの属性の値が決まり，また主キーの一部の「商品番号」の値が決まれば，「商品名」と「単価」の2つの属性の値が決まる。

　すなわち第1正規形は，このような部分関数従属がリレーションに存在するものであり，これを排して別のリレーションに分割したものが第2正規形である。この第2正規化により，3つのリレーションが作成される（図5-16参照）。

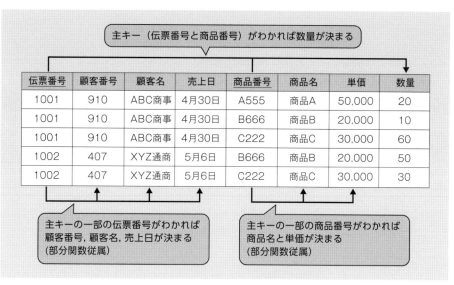

図5-15　第1正規形における部分関数従属

伝票番号	商品番号	数量
1001	A555	20
1001	B666	10
1001	C222	60
1002	B666	50
1002	C222	30

商品番号	商品名	単価
A555	商品A	50,000
B666	商品B	20,000
C222	商品C	30,000

伝票番号	顧客番号	顧客名	売上日
1001	910	ABC商事	4月30日
1002	407	XYZ通商	5月6日

図5-16　第2正規形

(3) 第3正規化

　第3正規化は，第2正規形のリレーションの主キー以外の属性に関数従属する属性を分割して第3正規形にすることである。図5-16の第2正規形のリレーションでは，顧客番号の値が決まれば顧客名が決まる関係がある（矢印部分）。すなわち第2正規形は，主キー以外の属性に関数従属する属性が存在するものであり，これを排して別のリレーションに分割したものが第3正規形である（**図5-17**参照）。

伝票番号	商品番号	数量
1001	A555	20
1001	B666	10
1001	C222	60
1002	B666	50
1002	C222	30

商品番号	商品名	単価
A555	商品A	50,000
B666	商品B	20,000
C222	商品C	30,000

伝票番号	顧客番号	売上日
1001	910	4月30日
1002	407	5月6日

顧客番号	顧客名
910	ABC商事
407	XYZ通商

図5-17　第3正規形

　これまで学習した正規化の手順を**図5-18**に示す。

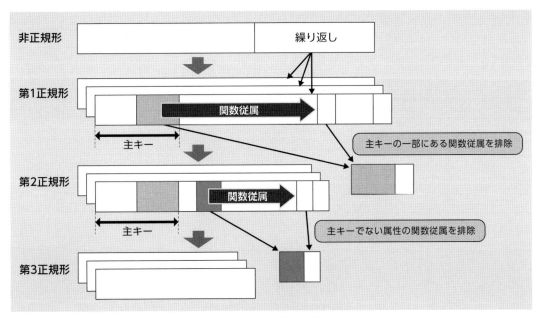

図5-18　正規化の手順

例題5-4

関係データベースを構築するに当たり，データの正規化を行う目的はどれか。

(平成22年度 秋期 ITパスポート試験 問63)

ア．データにチェックサムを付与してデータベースの異常を検出する。

イ．データの冗長性を排除して保守性を高める。

ウ．データの文字コードを統一してほかのデータベースと連携しやすくする。

エ．データを暗号化してセキュリティを確保する。

解説　正規化の目的は，同じデータを重複して記憶するなどのムダをなくし（冗長性を排し），データの更新漏れによるデータの不一致（矛盾）を防止することである。

解答　イ

5.7　E-R図

データベースを設計する場合，大別して2つのアプローチがある。

1つは，データベース管理システムが扱っている論理モデル（階層モデルや関係モデルなど）を直接用いて設計する方法である。しかし，例えば2次元の表でデータを表現する関係モデルは，実世界の「意味」や「構造」を記述するにはあまりにも単純過ぎ，簡単な対象以外の設計を行うのは困難である。

そのため，表現能力が高く，より実世界の記述に適したデータモデル（E-R（Entity-Relationship）モデル：実体関連モデル）を用いて設計を行い，その結果を基に関係モデルを設計する方法がある（**図5-19**参照）。具体的には，以下の設計手順となる。

（1）実世界の対象をE-Rモデルを用いて記述する（これを概念モデルという）。
（2）E-Rモデルを基に関係モデルのリレーションを作成する。
（3）得られたリレーションをチェックし，必要に応じて正規化する。

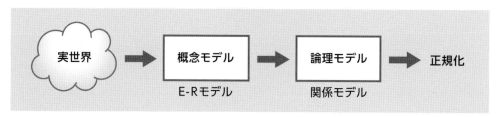

図5-19　データベース設計手順

E-Rモデルは，実世界の対象データを「実体（Entity）」，実体間の関連を表す「関連（Relationship）」，および「属性（Attribute）」によって表現する。

実体は，実世界においてほかと区別できるものを指す。例えば，学生の科目履修に関するデータベースを設計する場合，実体は「学生」「科目」である。実体には様々な性質があり，属性として表現される。例えば，「学生」の属性には，学籍番号，氏名，所属学部，住所，学年などがあり，また「科目」の属性には，科目コード，科目名，担当教員，開講時間，教室などがある。

一方，関連は実体集合同士の相互関係をモデル化したもので，例えば，「学生」と「科目」の間には「履修」という関連がある，などとする。

E-R図はE-Rモデルを図で表現したもので，実体を矩形，関連を菱形，属性を楕円形，これらの関係を線分で表す（**図5-20**参照）。

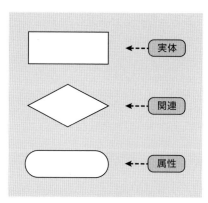

図5-20　E-R図に用いる記号

例えば，社員情報をデータベース化する場合，実体は「社員」「部署」であり，これら実体間には「所属」の関連がある。また，社員の属性は「社員番号」「氏名」「住所」，部署の属性は「部署番号」「部署名」「所在地」などである。これらをE-R図で示したものが**図5-21**である。なお，図中で下線がひかれた社員番号や部署番号は，リレーションでの主キーになる属性である。また実体間の対応関係（カー

ディナリティ）を1や＊（アステリスク）の記号で表す場合がある。図5-21では，「社員」と「部署」が多対1の対応関係である。これは，社員は必ず1つの部署に所属しており，一方，部署には複数の社員が所属していることを意味する。

　E-R図を基に関係モデルのリレーションを作成する場合，通常，実体や関連がデータベースのリレーション名，属性がそのリレーションの属性になる。

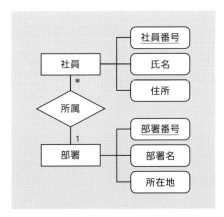

図5-21　E-R図の具体例

例題5-5

関係データベースの設計で用いられるE-R図が表現するものは何か。

（平成24年度 秋期 ITパスポート試験 問53）

　ア．時間や行動などに応じて変化する状態の動き
　イ．システムの入力データ，処理，出力データの関係
　ウ．対象世界を構成する実体（人，物，場所，事象など）と実体間の関連
　エ．データの流れに着目したときの，業務プロセスの動き

解説 E-R図が表現するものは，実体と実体間の関連である。

解答 ウ

5.8 データベースの整合性保持機能

5.8.1 排他制御

　排他制御は，複数の利用者が同時にデータベースを利用するときに，データベースを正常に保つための機能である。具体的には，ある利用者が共有データの読み書きなどの処理を行っている場合，他の利用者がそのデータを使えないようにすることである。

　排他制御がされない場合に起こる不具合の例を**図5-22**に示す。データベースのある時点の値100

から利用者Aは30,利用者Bは20を減算しようとしており,本来,結果は100－30－20＝50になる。ところが,①で利用者Aが100を読み込んだ後,②で利用者Bも同じ100の値を読み込み,③で30を減算した70を書き込んだ後,④で20を減算した80を上書きするために,結果は80になってしまう。

こうした不具合を発生させないようにするには,利用者Aが100を読み込んで処理をしている間は,他の利用者に②の読み込み処理をさせなければよい。

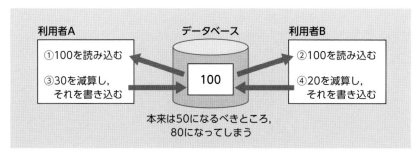

図5-22　排他制御がされないで生じる不具合の例

排他制御を実現する1つの方法にロック（lock）がある。ロックは,読み書きする対象データに鍵をかけて,他の利用者のアクセスを制限することである。一方,ロックを解除することを,アンロック（unlock）という。

ロックの種類には,専有（占有）ロックと共有ロックがある。

(1) 専有（占有）ロック
他の利用者からの共有ロックも専有ロックも許さない。

(2) 共有ロック
他の利用者からの共有ロックは許すが,専有ロックは許さない。

ロックの種類とその関係を図5-23に示す。例えば,あるデータに既に共有ロックがかけられていた場合,専有ロックはかけられないものの,共有ロックならばかけられることを示す。また,既に専有ロックがかけられている場合には,いかなるロックをかけることもできない。

これは,主に共有ロックがデータの参照時にかけられ,専有ロックがデータの更新時にかけられるためである。専有ロックがかけられているデータ,つまりこれから更新される可能性のあるデータは,それを参照させることも許さないということである。

		既にかけられているロック		
		ロックなし	共有ロック	専有ロック
かけようとするロック	共有ロック	可	可	不可
	専有ロック	可	不可	不可

図5-23　共有ロックと専有ロック

ロックによる排他制御を行う場合,デッドロックという現象が発生することがある。デッドロックは,データベースを同時利用する2つのプログラムが互いの処理に必要なデータをロックし合っているために,処理が続行できなくなった状態である。

デッドロックの例を図5-24に示す。プログラム1がデータベースAに,プログラム2がデータベー

スBにロックをかけている。引き続きプログラム1がデータベースBに，プログラム2がデータベースAにロックをかける処理要求をする。しかし，それぞれのデータベースは既にロックされている状態であり，プログラム1は，ひたすらデータベースBのロックが解除されるのを待ち続け，一方，プログラム2はデータベースAのロックが解除されるのを待ち続ける。すなわち，にっちもさっちもいかない状況に陥っており，これがデッドロック（死の硬直）である。ちなみにデッドロックの解消は，デッドロックを起こしているプログラムのうちの少なくとも1つをアボート（中止）する以外に方法はない。

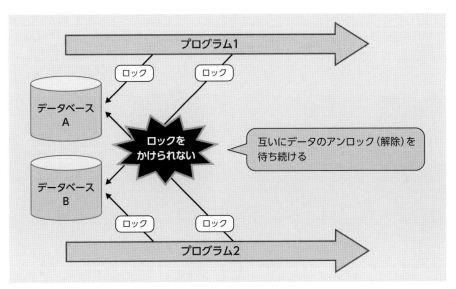

図5-24 デッドロックの例

例題5-6

DBMSにおいて，データへの同時アクセスによる矛盾の発生を防止し，データの一貫性を保つための機能はどれか。　　　　　　　　　　　　　（平成27年度 春期 ITパスポート試験 問77）

　ア．正規化　　　イ．デッドロック　　　ウ．排他制御　　　エ．リストア

[解説] 排他制御は，多くの利用者が同時に利用するデータベースの整合性を保持するための機能である。

[解説] ウ

5.8.2 リカバリ機能

データベースには，障害から正常な状態に回復するためのリカバリ機能がある。リカバリのためには，ログやバックアップなどのファイルが必要となる。

●**ログ（またはジャーナル）**

ログ（log）は，データベースに対して行ったすべての操作の履歴を時系列に記憶しておくファイルである。処理の種類，更新時刻，更新前イメージ，更新後イメージなどが書き込まれる。

●バックアップ

バックアップ (backup) は，ある時点でのデータベースのコピーである。差分バックアップは，基準日にフルバックアップをとり，それ以外の日は基準日から変更のあったファイルだけをバックアップにとることである。こうすることで時間やコストの削減ができる。

(1) ロールバック

ロールバック (roll back) は，ログの更新前イメージを新しいものから順に適用し，現時点のデータベースを特定の時点の状態まで戻すことによって回復する方法である。主にトランザクション障害などへの対応に利用される。ここでトランザクションとは，アプリケーションがデータベースを利用するときの複数の処理を一連のものとしてまとめる単位である。例えば，銀行口座振替送金処理では，振替依頼人の口座からの引落しと，振替先口座への振込の2つの処理は決して切り離すことができないため，1つのトランザクションになる。

図5-25に，トランザクションXがデータベースをAからBに更新した時点で異常終了した例を示す。データベースをこの状態にしたままで，トランザクションXを再実行することはできないため（データの2重更新をしてしまう），データベースを元の状態に戻すロールバックが必要になる。この場合，ログの更新前イメージを利用する。

データベースをトランザクションXの処理前の状態に戻した後に，再度，トランザクションXの処理を最初から行う。

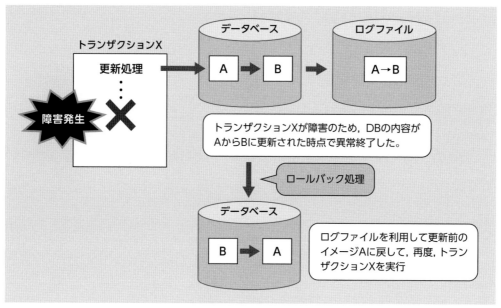

図5-25　ロールバック

(2) ロールフォワード

ロールフォワード (roll forward) は，ある時点で作成されたバックアップファイルなどに対し，ログの更新後イメージを利用して更新結果を古いものから順に適用し，特定の時点の状態までデータベースを回復する方法である。媒体障害などへの対応に利用される。

媒体障害の発生例を図5-26に示す。時刻t時点でデータベースのバックアップを保存しておく。その後，$t+1$時点でデータベースがAからBに更新され，さらに$t+2$時点でCからDに更新される。

更新内容はその都度，ログファイルに記憶される。そして $t+3$ 時点で媒体障害が発生したとする。媒体障害は，ハードディスククラッシュなどでデータベースのデータが失われる障害である。そのため，失われたディスクの内容を新しい媒体に復元する必要がある。

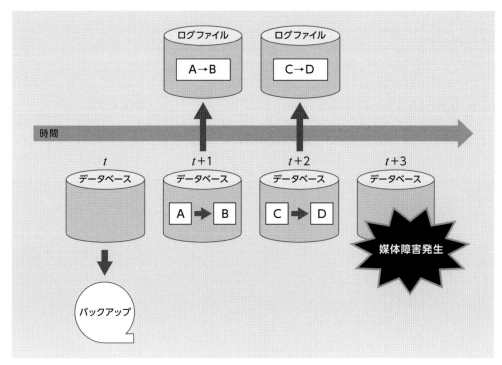

図5-26　媒体障害の発生例

こうした場合に行うのが，ロールフォワードである（**図5-27**参照）。

まず，時刻 t 時点でのデータベースのバックアップを基にして，新しい媒体に t 時点でのデータベースを復元する。さらにログファイルを利用して，障害発生時までに更新した内容を順番にデータベースに反映させていき，障害発生前の $t+2$ 時点のデータベースの状態にする。

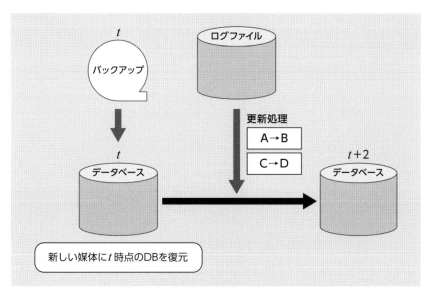

図5-27　ロールフォワード

第5章 演習問題

5.1 データベース管理システムを利用する目的はどれか。

(平成23年度 秋期 ITパスポート試験 問53)

ア．OSがなくてもデータを利用可能にする。

イ．ディスク障害に備えたバックアップを不要にする。

ウ．ネットワークで送受信するデータを暗号化する。

エ．複数の利用者がデータの一貫性を確保しながら情報を共有する。

5.2 データベースの論理的構造を規定した論理データモデルのうち，関係データモデルの説明として適切なものはどれか。

(平成26年度 秋期 ITパスポート試験 問74)

ア．データとデータの処理方法を，ひとまとめにしたオブジェクトとして表現する。

イ．データ同士の関係を網の目のようにつながった状態で表現する。

ウ．データ同士の関係を木構造で表現する。

エ．データの集まりを表形式で表現する。

5.3 関係データベースに関する記述中のa，bに入れる字句の適切な組合せはどれか。

(平成23年度 春期 ITパスポート試験 問72 改変)

関係データベースにおいて，レコード（行）を一意に識別するための情報を a と言い，表と表を特定の b で関連づけることもできる。

	a	b
ア	エンティティ	フィールド
イ	エンティティ	レコード
ウ	主キー	フィールド
エ	主キー	レコード

5.4 関係データベースにおいて主キーを指定する目的はどれか。

(平成22年度 春期 ITパスポート試験 問83)

ア．主キーに指定した属性（列）で，複数のレコード（行）を同時に特定できるようにする。

イ．主キーに指定した属性（列）で，レコード（行）を一意に識別できるようにする。

ウ．主キーに指定した属性（列）に対し，検索条件を指定できるようにする。

エ．主キーに指定した属性（列）を算術演算の対象として扱えるようにする。

5.5 関係データベースのA表，B表がある。A表，B表に対して(A∪B)，(A∩B)を行った結果は，それぞれP表，Q表およびR表のどれになるか。ここで，∪は和集合演算，∩は共通集合演算を表す。

(平成23年度 秋期 ITパスポート試験 問65 改変)

A

商品コード	商品名	定価
P001	プリンタ	12,000
P003	PC	65,800
P007	USBハブ	6,280
P012	OAチェア	14,200
P019	OAデスク	25,600

B

商品コード	商品名	定価
P003	PC	65,800
P007	USBハブ	6,280
P020	USBメモリ	3,000

P

商品コード	商品名	定価
P003	PC	65,800
P007	USBハブ	6,280

Q

商品コード	商品名	定価
P001	プリンタ	12,000
P012	OAチェア	14,200
P019	OAデスク	25,600

R

商品コード	商品名	定価
P001	プリンタ	12,000
P003	PC	65,800
P007	USBハブ	6,280
P012	OAチェア	14,200
P019	OAデスク	25,600
P020	USBメモリ	3,000

	(A∪B)	(A∩B)
ア	P	R
イ	Q	R
ウ	R	P
エ	R	Q

5.6 関係データベースで管理された"社員"表から選択した結果が，"高橋二郎"を含む3名だけになる条件の組合せはどれか。

(平成23年度 春期 ITパスポート試験 問59)

社員

社員番号	社員名	部署名	勤務地	勤続年数
A0001	佐藤一郎	経理部	東京	5
A0002	鈴木春子	経理部	東京	3
A0003	高橋二郎	経理部	大阪	20
A0004	田中秋子	営業部	名古屋	5
A0005	伊藤三郎	営業部	東京	7
A0006	渡辺四郎	営業部	東京	35
A0007	山本夏子	人事部	東京	10
A0008	中村冬子	営業部	大阪	5

[条件]
① 勤務地 = "東京"　　② 部署名 = "営業部"　　③ 勤続年数 > 10

ア．① and ② and ③　　イ．(① and ②) or ③
ウ．① or (② and ③)　　エ．① or ② or ③

119

第5章 データベース

5.7 関係データベースの表を正規化することによって得られる効果として，適切なものはどれか。

(平成26年度 秋期 ITパスポート試験 問68)

ア．使用頻度の高いデータを同じ表にまとめて，更新時のディスクアクセス回数を減らすことができる。
イ．データの重複を排除して，更新時におけるデータの不整合の発生を防止することができる。
ウ．表の大きさを均等にすることで，主記憶の使用効率を向上させることができる。
エ．表の数を減らすことで，問合せへの応答時間を短縮することができる。

5.8 ファイルで管理されていた受注データを，受注に関する情報と商品に関する情報に分割して，正規化を行った上で関係データベースの表で管理する。正規化を行った結果の表の組合せとして，最も適切なものはどれか。ここで，同一商品名で単価が異なるときは商品番号も異なるものとする。

(平成26年度 春期 ITパスポート試験 問60)

受注データ

受注番号	発注者名	商品番号	商品名	個数	単価
T0001	山田花子	M0001	商品1	5	3,000
T0002	木村太郎	M0002	商品2	3	4,000
T0003	佐藤秋子	M0001	商品1	2	3,000

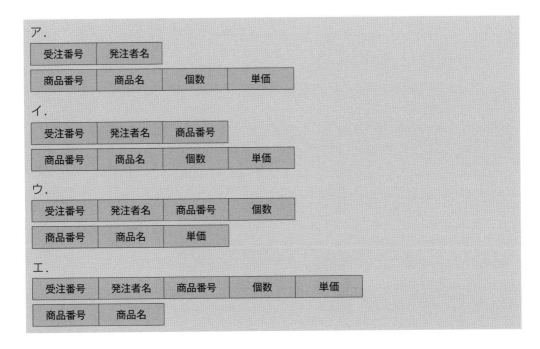

5.9 "部署"表,"都道府県"表および"社員"表を結合して,A表を作成した。結合した"社員"表はどれか。ここで,下線は主キーを示し,破線は外部キーを示す。

(平成22年度 秋期 ITパスポート試験 問87 改変)

部署

| 部署コード | 部署名 |

都道府県

| 都道府県コード | 都道府県名 |

A

| 社員番号 | 社員名 | 部署名 | 都道府県名 | 年齢 |

ア.

| 社員番号 | 社員名 | 年齢 |

イ.

| 社員番号 | 社員名 | 年齢 | 都道府県コード |

ウ.

| 社員番号 | 社員名 | 年齢 | 部署コード |

エ.

| 社員番号 | 社員名 | 年齢 | 部署コード | 都道府県コード |

5.10 データベースのトランザクション処理に関する次の記述中のa,bに入れる字句の適切な組合せはどれか。

(平成23年度 春期 ITパスポート試験 問78 改変)

複数のユーザが同時に同じデータを更新しようとしたとき,データの整合性を保つために,そのデータへのアクセスを一時的に制限する仕組みを ａ という。これを実現する1つの方法は,データを更新する前に,そのデータに ｂ をかけ,処理が終了するまでほかのユーザからのアクセスを制限することである。

	a	b
ア	経路制御	デッドロック
イ	経路制御	ロック
ウ	排他制御	デッドロック
エ	排他制御	ロック

第5章 データベース

5.11 あるトランザクション処理は、①共有領域から値を読み取り、②読み取った値に数値を加算し、③結果を共有領域に書き込む手順からなっている。複数のトランザクションを並列に矛盾なく処理するためには、トランザクション処理のどの時点で共有領域をロックし、どの時点でロックを解除するのが適切か。

(平成25年度 秋期 ITパスポート試験 問67)

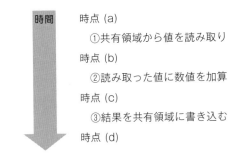

	共有領域のロック	共有領域のロック解除
ア	時点 (a)	時点 (c)
イ	時点 (a)	時点 (d)
ウ	時点 (b)	時点 (c)
エ	時点 (b)	時点 (d)

5.12 デッドロックの説明として、適切なものはどれか。

(平成24年度 秋期 ITパスポート試験 問67 改変)

ア．コンピュータのプロセスが本来アクセスしてはならない情報に、故意あるいは偶発的にアクセスすることを禁止している状態

イ．コンピュータの利用開始時に行う利用者認証において、認証の失敗が一定回数以上になったときに、一定期間またはシステム管理者が解除するまで、当該利用者のアクセスが禁止された状態

ウ．複数のプロセスが共通の資源を排他的に利用する場合に、お互いに相手のプロセスが専有している資源が解放されるのを待っている状態

エ．マルチプログラミング環境で、実行可能な状態にあるプロセスが、OSから割り当てられたCPU時間を使い切った状態

5.13 データベースの障害回復に用いられ、データベースの更新に関する情報が格納されているファイルはどれか。

(平成21年度 春期 ITパスポート試験 問88)

ア．インデックスファイル

イ．バックアップファイル

ウ．ログファイル

エ．ロードモジュールファイル

第6章 ネットワーク

本章では、今日の情報社会の基盤であるコンピュータ技術とネットワーク技術のうちの後者を取り上げて、中でも代表的な通信ネットワークであるインターネットを主に学習する。

6.1 ネットワーク技術

6.1.1 コンピュータネットワーク

ネットワーク（network）は、網状のものという意味をもち、コンピュータネットワークは、複数のコンピュータを電線や光ケーブル、あるいは無線などであたかも網のようにつなげたものである。コンピュータ同士をつなげることで、他のコンピュータ内のプログラムやデータ、プリンタや記憶装置などの周辺機器装置を利用できるようになる。このような様々な資源（resource）の共有化がコンピュータネットワーク構築の目的である。

ちなみに、他のコンピュータとつなげずに単独で利用するコンピュータや形態をスタンドアローン（stand alone）という。

ネットワークを介してのコンピュータ同士の通信が可能になり、オンラインシステムが開発されたのは1950年代末のことである。初期の事例に、米空軍の半自動防空システム（SAGE：Semi-Automatic Ground Environment）や、アメリカンエアラインの座席予約システム（SABRE：Semi-Automatic Booking and Reservation Environment）などがある。

さらに、大型コンピュータに端末（ディスプレイとキーボードから構成された処理能力のほとんどない機械）を数台つなげて、複数人で共同利用するTSS（Time Sharing System）の登場は1960年代半ばのことである。

1970年代になると、6.2節で学習するインターネットの基になったARPANETをはじめとするコンピュータのネットワーク利用が飛躍的に増えていくことになった。

6.1.2 プロトコルとOSI参照モデル

(1) プロトコル

プロトコル（protocol：通信規約）は、通信する場合の約束事である。プロトコルの身近な例に、電話で話をする際、必ず最初に「もしもし」と相手に呼びかけることや、国際会議での公用語を英語に決めることなどがある。こうした事前の約束事は、円滑なコミュニケーション（通信）を行うために必要なものである。

第6章 ネットワーク

コンピュータが通信するためのプロトコルには，物理的な接続方法や，通信データの形式，通信経路の選択方法，通信エラーの検出方法など，様々なものがある。統一したプロトコルにより，異なる種類のコンピュータ間でも通信ができるようになる。

(2) OSI基本参照モデル

コンピュータネットワークの利用が増えるにつれて，他のネットワークとの相互接続が必要になってきた。しかし，様々なネットワーク機器メーカーがそれぞれ独自のプロトコルを用いており，異なるメーカーの機器からなるネットワークの相互接続は非常に困難であった。

そこで，プロトコルの標準仕様が必要になり，OSI（Open Systems Interconnection：開放型システム間相互接続）基本参照モデルが，ISO（International Organization for Standardization：国際標準化機構）によって制定された。

OSI基本参照モデルは，コンピュータ通信に必要なプロトコルを7つの階層（レイヤー）に区分し，体系的にまとめたものである（図6-1参照）。7つの階層のうち，第1層から第4層までが「コネクション」という機器間接続に関するプロトコルをまとめた下位4層，第5層から第7層までが「アプリケーション」というコンピュータ内部で処理されるソフトウェアに関するプロトコルをまとめた上位3層である。

第7層	アプリケーション層	データ通信が発生する電子メールやWWWなどのアプリケーションソフトウェアに関する規約
第6層	プレゼンテーション層	文字コードや画像ファイル形式（圧縮方式）などの表現形式に関する規約
第5層	セッション層	通信の開始と終了に関する規約
第4層	トランスポート層	適切なアプリケーションにデータを届ける手順に関する規約
第3層	ネットワーク層	IPアドレスを基にして，異なるLAN間を接続してデータを届ける方法に関する規約
第2層	データリンク層	MACアドレスを基にして，LAN内の機器にデータを届ける方法に関する規約
第1層	物理層	電気信号などでデジタルデータを送受信するためのケーブルやコネクタなどに関する規約

図6-1 OSI基本参照モデルの階層と規約

プロトコルを役割ごとに階層化するメリットは，それぞれが単純化しわかりやすくなること，各層におけるプロトコルの拡張や変更が他の階層に影響を及ぼさないこと，また各層に対応した具体的なプロトコルの柔軟な組合せが可能になることである。ただし階層化が成立するためには，隣り合った階層間でインタフェース（窓口）を確立し，1つ下の層は上の層に責任をもってサービスを提供することが前提となる。

ここで，郵便物の配送を例として取り上げる。図6-2は，送信者が投函した郵便物が受信者に届くまでの経路を階層的に示したものである。郵便物の送信者にとってのインタフェースは郵便ポストであり，受信者にとってのインタフェースは自宅の郵便受である。経路が階層化されているため，送信者が投函するポストや集配郵便局，あるいは配送手段が変更されたとしても，他の部分に何ら影響を及ぼすことなく，従前どおり郵便物が配送される。

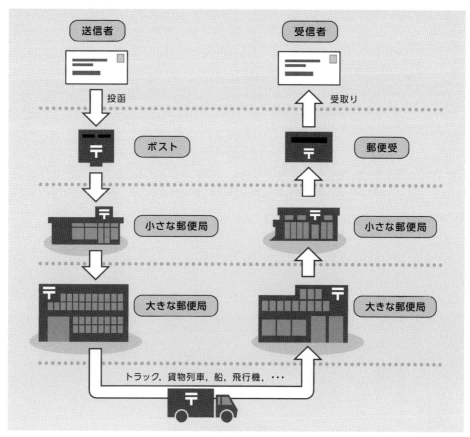

図6-2　郵便物配送の例

OSI基本参照モデルによる通信イメージを**図6-3**に示す。図中のパソコンAとBの2つの機器は，双方が共通のプロトコルに基づいて通信を行う。具体的には，パソコンAからの通信データは上の層から下の層を経て送信され，パソコンBは下の層から上の層を経てきた通信データを受信する。

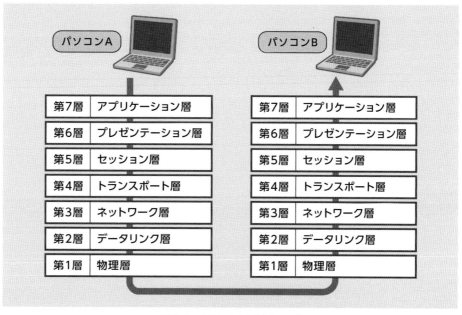

図6-3　OSIによる通信イメージ

(3) OSI基本参照モデルにおける各層の規約

●物理層

物理層は，通信の物理的な動作に関する規約を定める層である。具体的には，0と1のビット列であるデータを通信する場合に用いる物理媒体（電気信号，電波，光など），各物理媒体での0と1を表す方法，ケーブルコネクタの物理的形状などに関する規約である。

●データリンク層

データリンク層は，同じネットワーク内の機器同士で通信するための規約を定める層である。同じネットワークとは1つのLANを想定すればよいが，具体的にはブロードキャスト（LANに接続されているすべての機器への同報通信）が届く範囲である（**図6-4**参照）。電気信号でデータ通信を行う場合，実際には通信相手以外の機器にも電流の形での通信がされるが，ブリッジやルータなどの接続機器で接続されている他のネットワークにはこれが届かない。この理由は，ブリッジやルータなどのネットワーク接続機器を取り上げる6.1.6項で学習する。

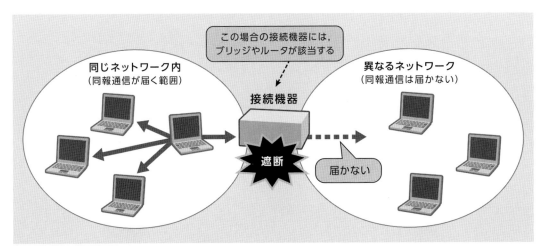

図6-4 LANとブロードキャスト

データリンク層では，MACアドレス（Media Access Control address）が使われる。MACアドレスは，物理アドレスあるいはハードウェアアドレスともいい，ネットワークインタフェースカード（NIC：Network Interface Card）によるネットワーク機能を備えた機器同士が通信相手を識別するために用いる2進数48ビットの固有の番号である。このままでは人間にとって長くて扱いづらいため，16進数に置き換えられ，「00：00：0c：01：23：ab」のように：（コロン）で区切られて表される。MACアドレスは2つの部分で構成され，前の24ビットはベンダコード（製造メーカーの識別番号），後の24ビットは固有コード（製造メーカーが割り当てる番号）である。MACアドレスは，製造出荷時にNICに割り当てられる。

●ネットワーク層

ネットワーク層は，異なるネットワークと通信するための規約を定める層である。異なるネットワークを相互接続する場合に用いられる接続機器がルータである。ルータは，IPアドレスを識別できるため，他のネットワークに通信データを中継するための経路制御（ルーティング）ができる（**図6-5**参照）。IPアドレスは，インターネット（IPネットワーク）に接続する個々の機器を識別するために割り当てられる2進数32ビットの固有の番号である（6.2.2項（3）参照）。

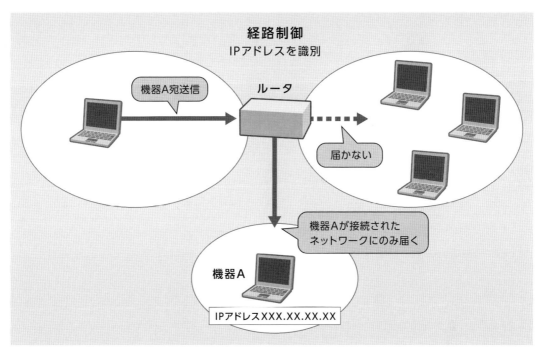

図6-5　ルータの経路制御機能

● **トランスポート層**

　トランスポート層は，通信するソフトウェアの識別と信頼性の高い通信を実現するための規約を定める層である。この層の代表的なプロトコルにTCP（Transmission Control Protocol）がある。TCPは，通信が正しくされたかを確認する機能をもち，またポート番号を利用して通信相手の機器のどのソフトウェアに対する通信なのかを特定できる。ポート番号は，2進数16ビットの番号であり，10進数では0～65535の範囲を表せる。このうち，0～1023番はよく使われるソフトウェア用として割り当てられており，ウェルノウン・ポート番号（well known port numbers）という（**図6-6**参照）。

ポート番号	機能（ソフトウェア）
25	メール送信（SMTP）
110	メール受信（POP3）
80	Web通信（HTTP）
443	セキュリティ機能Web通信（HTTPS）
21	ファイル転送（FTP）

図6-6　代表的なポート番号の例

● **セッション層**

　セッション層は，通信の開始時と終了時に送受信するデータの形式などの規約を定める層である。セッションは，2つの機器間での通信の接続開始から終了までのことである。

● **プレゼンテーション層**

　プレゼンテーション層は，ファイルの圧縮方式や文字コードなど，データの表現形式に関する規約を定める層である。

●アプリケーション層

アプリケーション層は，電子メールやファイル転送，WWWなどのアプリケーションソフトウェアに関する規約を定める層である。

例題6-1

TCP/IPのポート番号によって識別されるものはどれか。

(平成22年度 春期 ITパスポート試験 問80)

ア．コンピュータに装着されたLANカード
イ．通信相手のアプリケーションソフトウェア
ウ．通信相手のコンピュータ
エ．無線LANのアクセスポイント

解説 TCP/IP (Transmission Control Protocol/Internet Protocol) は，インターネットで採用されている共通のプロトコルである。ポート番号により通信相手の機器のどのアプリケーションソフトウェアに対する通信なのかを特定できる。

解答 イ

6.1.3 コンピュータネットワークの種類

コンピュータネットワークは，規模の違いで分類するとLAN (Local Area Network) とWAN (Wide Area Network) の2種類になる。

LANは，同じ建物内や敷地などの狭い範囲でコンピュータをつなげたネットワークで，構内通信網ともいう。

一方，WANは遠隔地にあるコンピュータやネットワーク同士，例えば本店と支店のLAN間をつなげたような広域のネットワークで，広域通信網ともいう。WANの回線は通信事業者が提供するものを利用するため，回線使用料が発生する。

6.1.4 LANの接続形態

LANの接続形態 (topology：トポロジ) には，次のようなものがある。

(1) バス型

バス型は，1本のケーブル (バス) に機器 (ノード) を接続する形態である (**図6-7**参照)。ケーブルの両端には，終端で信号が反射して戻ってこないように信号を吸収するターミネータ (terminator：終端抵抗) という機器がある。バス型は，ネットワークに接続された機器が故障しても他に影響を及ぼすことがなく，またバスへの機器増設や撤去が容易であるため拡張性に優れた形態である。

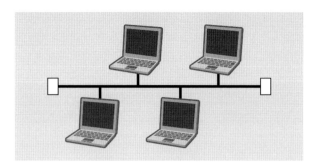

図6-7　バス型ネットワーク

(2) リング型

　リング型は，機器をリング状に接続する形態である（**図6-8**参照）。1つの機器が故障するとネットワーク全体がシステムダウンしてしまうため，ネットワーク上の接続機器をバイパスできる機能や，回線2重化などの障害対策が必要である。

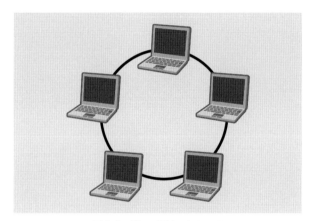

図6-8　リング型ネットワーク

(3) スター型

　スター型は，ハブ（集線装置）を中心に機器を放射状に接続する形態である（**図6-9**参照）。バス型と同様に，機器増設や撤去が容易であるが，集線装置が故障するとネットワーク全体がシステムダウンしてしまう短所がある。

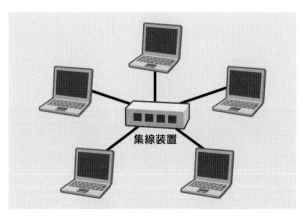

図6-9　スター型ネットワーク

(4) ポイントツーポイント型

ポイントツーポイント型は，2つの機器の間をケーブルなどで接続する，いわゆる1対1の通信形態である（図6-10参照）。

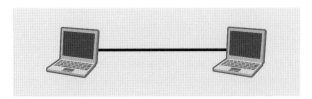

図6-10　ポイントツーポイント型ネットワーク

(5) ポイントツーマルチポイント型

ポイントツーマルチポイント型は，1つの機器に複数の機器を接続する，いわゆる1対多の通信形態である（図6-11参照）。

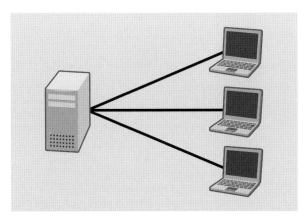

図6-11　ポイントツーマルチポイント型ネットワーク

6.1.5　LANのアクセス制御

　LANのアクセス制御は，多くの機器が接続されるLANにおけるデータ送信時の制御方法である。通常，LANに接続された各機器は，ケーブルにデータ信号が流れていないことを確認してからデータを送信する。しかし，複数の機器が同時にデータを送信することもあり，この場合はデータの衝突が発生する。各機器は衝突を検出すると，双方がランダムな時間を待った後に再度データを送信する。こうして再送信のタイミングをずらすことで衝突が発生しないようにしている。このようなアクセス制御方式を，CSMA/CD（Carrier Sense Multiple Access with Collision Detection：搬送波感知多重アクセス/衝突検出）方式といい，主にバス型のLANで使われている。

　また，LANによく使われている技術に，イーサネット（Ethernet）がある。イーサネットは1973年米国ゼロックスが開発したデータリンク層の規格であり，アクセス制御にはCSMA/CDを，アドレスにはMACアドレスを用いている点が特徴である。イーサネットには，イーサネットケーブルを通して給電できるPoE（Power over Ethernet）という技術があり，電源の確保しづらい場所への無線LANアクセスポイントを設置する場合などに取り入れられている。

6.1.6 主なネットワーク接続機器

(1) リピータ

リピータ（repeater）は，LANの延長に用いられる中継装置である（**図6-12**参照）。リピータハブ（repeater hub）ともいう。電気信号でデータ通信を行う場合，通信距離が長くなると信号が減衰するために，途中で信号の増幅が必要になる。これを行うのがリピータであり，延長コードと考えればよい。リピータは，MACアドレスの識別ができないため，すべての通信データを延長先に流してしまう。すなわち，無駄な通信を発生させることになる。リピータは，OSI基本参照モデル第1層（物理層）で動作する。

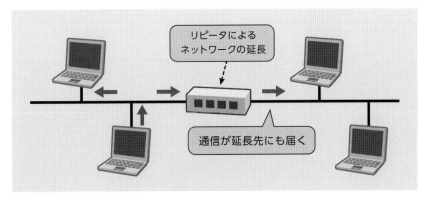

図6-12　リピータ

(2) ブリッジ

ブリッジ（bridge）は，LAN間を接続する機器である。通信データの宛先のMACアドレスを解析し，宛先の機器が接続されたネットワークにのみ通信データを中継できるため，無駄な通信を行わずに済む（**図6-13**参照）。こうした複数の経路からなる選択肢から特定の経路を選択することをスイッチという。中継先を決定するまでの間，データを一時的に保存する機能をもっているため，通信速度の異なるLAN同士を接続できる。スイッチングハブがブリッジに該当する。ブリッジは，OSI基本参照モデル第2層（データリンク層）で動作する。

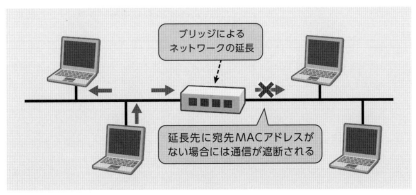

図6-13　ブリッジ

（3）ルータ

ルータ（router）は，LAN同士やLANとWAN間など，異なるネットワークを相互接続する機器である。また，LANをインターネットに接続する際にも用いられる。ルータは，OSI基本参照モデル第3層（ネットワーク層）で動作する。

（4）ゲートウェイ

ゲートウェイ（gateway）は通信サーバともいい，接続先のネットワークに合わせてデータのフォーマットやアドレス，プロトコルなどを変換できる。そのため，プロトコル体系の異なるLAN同士を接続できる。インターネットではルータがこの役割を果たしている。

以上のようなネットワーク接続機器とOSI基本参照モデルの対応関係を，**図6-14**に示す。

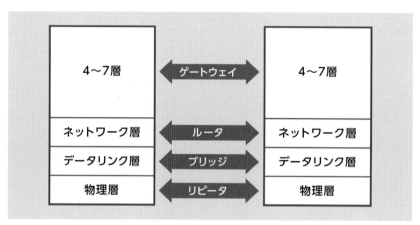

図6-14　ネットワーク接続機器とOSI基本参照モデルの対応関係

例題6-2

LAN間接続装置に関する記述のうち，適切なものはどれか。

（平成27年度 春期 基本情報技術者試験 午前 問68）

　ア．ゲートウェイは，OSI基本参照モデルにおける第1～3層だけのプロトコルを変換する。

　イ．ブリッジは，IPアドレスを基にしてフレームを中継する。

　ウ．リピータは，同種のセグメント間で信号を増幅することによって伝送距離を延長する。

　エ．ルータは，MACアドレスを基にしてフレームを中継する。

解説　ゲートウェイは，OSI基本参照モデルにおける第4層以上でネットワーク接続する機器である。ブリッジは，フレーム（パケット）のMACアドレスを解析して中継する機器である。ルータは，IPアドレスを基にしてパケットを中継する。

セグメントとは，LANにおけるネットワークの一単位で，1つの機器から送出されたパケットが無条件に到達する範囲のことである。

解答　ウ

6.2 インターネット

6.2.1 インターネットの概要

インターネットは，インターネットワーク（inter-：～間の，相互接続する）のことであり，大小様々なネットワークを相互接続して1つに束ねたネットワークであることを示している。具体的には，多くのLANやWANなどがルータを介して接続されて，地球規模にまで巨大化したネットワークである。

インターネットは，1969年にアメリカで軍事目的の研究・実験のために構築されたARPANETが始まりとされている。ARPANETのARPA（Advanced Research Project Agency：国防高等研究計画局）は，1958年にアメリカ国防総省にできた組織である。ARPAは，DARPA（Defense Advanced Research Project Agency）と表記されることもある。このARPA内に，1962年，IPTO（Information Processing Technique Office：情報処理技術室）が誕生し，ここでJ.C.R.リックライダー（Joseph Carl Robnett Licklider）やラリー・ロバーツ（Lawrence G. Roberts）らが，コンピュータによる知識共有を目的としたARPANETの構築を指揮した。

そして，1969年に4つの大学（カリフォルニア大学サンタバーバラ校（UCSB），カリフォルニア大学ロサンゼルス校（UCLA），スタンフォード大学SRI（Stanford Research Institute），ユタ大学）のコンピュータを通信回線でつなげたネットワークが誕生し，これが今日のインターネットのルーツとされている。

なお，このときに使われたネットワーク機器が，IMP（Interface Message Processor：メッセージ転送装置）であり，これが現在のルータにあたるものである。IMPは，ARPAとかかわりの深いBBN（Bolt Beranek and Newman）社のロバート（ボブ）・カーン（Robert Elliot Kahn）らによって開発され，回線の状況に応じて自動的に経路表を書き換える機能（動的経路制御機能）を備えていた。

なお，初期のインターネットは研究者などのごく限られた人にしか利用されておらず，一般の人々に普及し始めたのはWebブラウザが開発された1990年代になってからのことである。

インターネットを利用したサービスには，WWW（World Wide Web），電子メール，ファイル転送などがある。

6.2.2 インターネットの基本的な仕組み

(1) TCP/IPプロトコル群

インターネットでは，TCP/IP（Transmission Control Protocol/Internet Protocol）プロトコル群が共通のプロトコルとして採用されている。TCP/IPプロトコル群とOSI基本参照モデルの対応を図6-15に示す。

標準化を目指して制定されたOSI基本参照モデルは，その名のとおり，現在では参照するためのモデルとして使用されており，実際にはTCP/IPが広く普及して，事実上の標準（デファクトスタンダード）になっている。

OSI基本参照モデル		TCP/IPプロトコル群	
第7層	アプリケーション層	アプリケーション層	SMTP POP3 HTTP　など
第6層	プレゼンテーション層		
第5層	セッション層		
第4層	トランスポート層	トランスポート層	TCP, UDP
第3層	ネットワーク層	インターネット層	IP
第2層	データリンク層	ネットワーク インタフェース層	CSMA/CD　など
第1層	物理層		

図6-15　TCP/IPプロトコル群とOSI基本参照モデルの対応

(2) パケット通信

　インターネットでは，パケット通信方式が採用されている。パケット通信の優れた点を，通信回線の様々な利用形態と比較することで確認する。

　まず，各機器を専用回線で直接接続した形態を**図6-16**に示す。

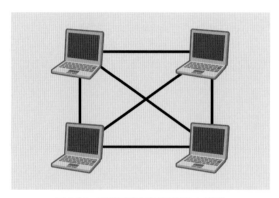

図6-16　専用回線を直接接続した形態

　この形態では，専用回線を常時占有できるため通信品質は高いものの，回線敷設費用が莫大なものとなる。そのため，費用を少しでも軽減するために考えられたのは，専用回線を常時接続するのではなく，共有回線を通信時のみ接続して利用する形態である（**図6-17**参照）。これを回線交換方式という。

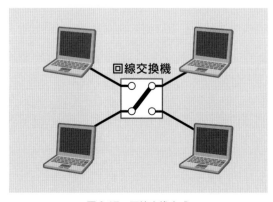

図6-17　回線交換方式

回線交換方式では，ある機器間で通信回線を利用している間は通話中の状態になり，その間は他の機器が通信できなくなる。これでは支障をきたすため，共有回線でも通話中の状態を生じさせないパケット通信方式が考えられた。

　パケット通信では，1つの通信データが回線を占有しないように，文字，画像，音声などのすべての通信データを短いブロック（パケット：小包）に分割する。各パケットには，ヘッダ情報という宛先をつけて送信する。パケットがネットワークの中継器（ルータ）に到着すると，ルータはパケットのヘッダ情報を基に宛先別に振り分けて，次の地点のルータに転送する。そして，いくつかのルータを経由して転送が繰り返され，宛先にすべてのパケットが届けられる。受信側では，届いたパケットを元のメッセージに組み立てる。

　2つの通信データが同時に送信される様子を図6-18に示す。パケット通信では異なる複数の通信データのパケットが1本の回線を共有して転送されるために通話中の状態が生じず，ネットワーク資源の効率的な利用が可能となる（ただし，パケット量の輻輳（ふくそう）により通信速度が低下し通信しづらくなる状態になることがある）。

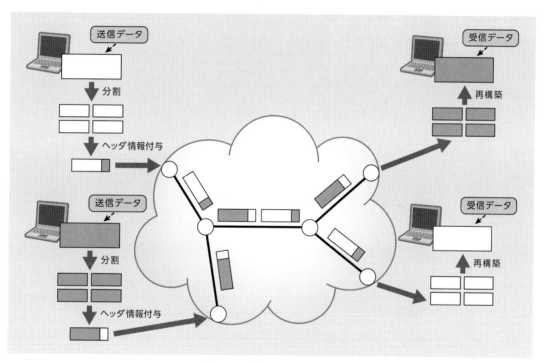

図6-18　パケット通信の概要

例題6-3

パケット交換方式に関する記述のうち，適切なものだけをすべて挙げたものはどれか。

（平成25年度 秋期 ITパスポート試験 問68 改変）

　　a　インターネットにおける通信で使われている方式である。

　　b　通信相手との通信経路を占有するので，帯域保証が必要な通信サービスに向いている。

　　c　通信量は，実際に送受信したパケットの数やそのサイズを基にして算出される。

　　d　パケットのサイズを超える動画などの大容量データ通信には利用できない。

ア．a, b, c　　　イ．a, b, d　　　ウ．a, c　　　エ．b, d

解説 パケット交換方式は，通信経路を占有しないのでbは誤り。また，パケットのサイズを超える動画などの大容量データも，複数のパケットに分割して通信可能であるためdは誤り。

解答 ウ

---

(3) IPアドレス

IPアドレスは，インターネットに接続される機器に割り当てられる番号であり，通信先を一意に識別するために用いられる。現在のIPv4（IP version4）の場合，2進数32ビットで表されるが，このままでは人間が認識しづらいために，通常は8ビットずつ4つに区切ってそれぞれを10進数に変換し，ピリオドで区切って表す（図6-19参照）。

IPアドレスは，NIC（Network Information Center）により一元管理されている。ちなみにNICには国ごとに下部組織があり，日本にはJPNIC（Japan Network Information Center：日本ネットワークインフォメーションセンター）がある。MACアドレスが物理アドレスと呼ばれるのに対して，IPアドレスは論理アドレスと呼ばれることがある。

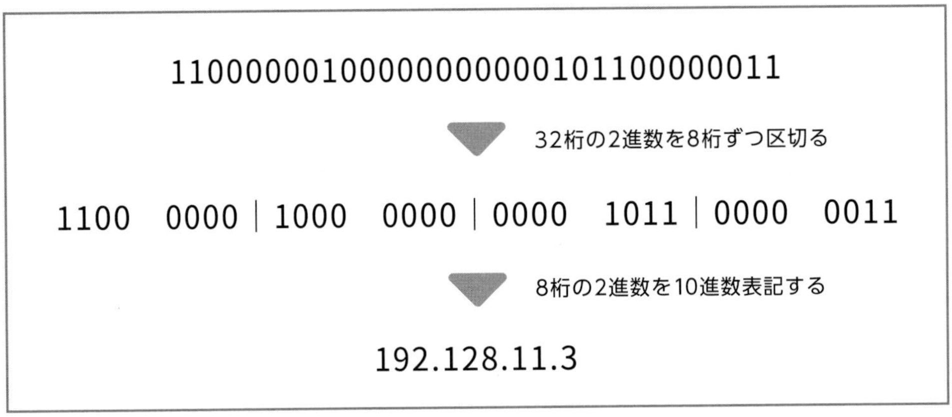

```
11000000100000000000101100000011
```
↓ 32桁の2進数を8桁ずつ区切る

```
1100  0000 | 1000  0000 | 0000  1011 | 0000  0011
```
↓ 8桁の2進数を10進数表記する

```
192.128.11.3
```

図6-19 IPアドレスの例

IPアドレスは，ネットワークを識別するネットワークアドレス部と，そのネットワーク内の個々の機器を識別するホストアドレス部から構成される。これは，限られたIPアドレスを無駄にしないための工夫であり，非常に多くの機器が接続されるネットワークでは，ホストアドレス部を長くとり，逆に少ないネットワークでは，ホストアドレス部を短くできる。これは固定電話番号の市外局番を，電話利用者の多い都市部においては短く，少ない地域では長くしているのと同じことである。

従来，ホストアドレス部には，大規模ネットワーク用のクラスA（24ビット），中規模用のクラスB（16ビット），小規模用のクラスC（8ビット）のタイプが使われてきたものの，このクラス方式では使用されないIPアドレスも発生していたため，現在では，クラスという概念にしばられないという意味の，クラスレスサブネットマスク方式（CIDR：Classless Inter-Domain Routing）が普及している。この方式では，サブネットマスクという情報とIPアドレスを組み合わせることで，ネットワークアドレス部とホストアドレス部を識別する（図6-20参照）。サブネットマスクの1の部分がネットワークアドレス部，0の部分がホストアドレス部を示す。

図6-20　クラスレスサブネットマスク方式

　IPアドレスは，人間にとってわかりにくく使いづらいため，意味があってわかりやすい文字列のドメイン名を利用できる（**図6-21**参照）。

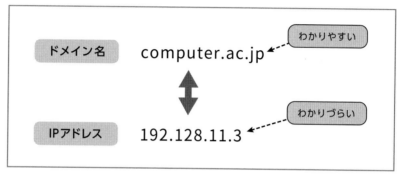

図6-21　IPアドレスとドメイン名の対応

　この仕組みを可能にしているのがDNS（Domain Name System）である。DNSは，人間にわかりやすいドメイン名と，コンピュータなどの情報機器が理解できるIPアドレスを対応づけて変換する機能を担っている（**図6-22**参照）。

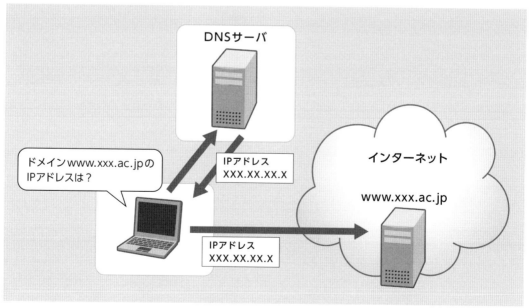

図6-22　DNSサーバの働き

第6章 ネットワーク

IPv4の2進数32ビットでは2の32乗＝約43億通りのアドレスを表すことができる。しかし，もはやこの数ではインターネットに接続する全世界のすべての機器に固有のIPアドレスを割り当てることが難しくなってきた。これをIPアドレスの枯渇問題という。これについては様々な対策がとられており，その1つにプライベートIPアドレスの利用がある。

プライベートIPアドレスは，LANなどの限定されたネットワーク内の機器に独自に割り当てることのできるIPアドレスであり，ローカルアドレスともいう。プライベートIPアドレスは，これを用いて直接インターネットに接続しないことや，同じネットワーク内では重複させないといった原則で，利用が認められたものである。一方，インターネットに直接接続できる通常のIPアドレスをグローバルIPアドレスという。

重複可能なプライベートIPアドレスによって利用可能なアドレス数を増やすことができるものの，直接インターネットに接続できないことは不便である。これを解決する技術がNAT（Network Address Translator）である。NATはプライベートIPアドレスが割り当てられた機器がインターネットに接続する際，プライベートIPアドレスをグローバルIPアドレスに変換する仕組みである。

さらに，IPアドレスを固定的に割り当てる方法と，DHCP（Dynamic Host Configuration Protocol）サーバによって，機器がインターネットにアクセスするときに動的に割り当てる方法がある。

なお，IPアドレス枯渇問題の抜本的対策として，新しいIPアドレスIPv6（IP version6）が1995年に規格化され使われ始めている。IPv6は，IPv4の4倍のアドレス空間（128ビットの2進数）をもち，16ビットずつ8つの部分に区切って表す。

例題 6-4

ブロードバンドルータなどに搭載されているNATの機能として，適切なものはどれか。

(平成25年度 春期 ITパスポート試験 問72)

ア．グローバルIPアドレスとドメイン名を相互変換する。
イ．グローバルIPアドレスとメールアドレスを相互変換する。
ウ．プライベートIPアドレスとMACアドレスを相互変換する。
エ．プライベートIPアドレスとグローバルIPアドレスを相互変換する。

解説 ブロードバンドルータは，光ファイバやCATV（ケーブルテレビ）による高速インターネット接続回線を複数のPCで共有するために使用するネットワーク機器である。NATは，プライベートIPアドレスとグローバルIPアドレスを相互変換する仕組みである。

解答 エ

6.2.3 イントラネットとエクストラネット

企業などの組織は，通信機器メーカー独自の規格に基づく組織内ネットワークを構築し利用してきた。しかし，インターネットの普及にともない，インターネット用に標準化された技術を利用したイントラネット（intranet）が構築され始めてきた。イントラネット構築の利点は，安価にかつ安定し

たネットワークを実現できることや，共通の技術を用いて構築した他組織のネットワークとの接続が容易であることなどである。

　イントラ（intra）は，内部の，という意味であり，すなわちイントラネットは，会社などの組織における内部のネットワークである。イントラネットに用いるインターネットの技術には，IPアドレスによる機器の識別，電子メールの送受信やファイルの転送などがある。あくまでも組織内部のネットワークであるため，一般のインターネットとは区別した方がよい。

　一方，イントラネット同士を相互接続したものをエクストラネット（extranet）という。エクストラ（extra）は，外部の，という意味である。エクストラネットもイントラネットと同様，一般のインターネットとは別のネットワークとして認識すべきである。

6.3 WWW

6.3.1 WWWの概要

　WWW（World Wide Web）は，インターネットに接続されたコンピュータの記憶装置に保存されている情報を検索して閲覧するための仕組みである。Webページ（ホームページ）を閲覧することが「インターネットをする」といわれるほど，広く普及し利用されているインターネットのサービスである。

6.3.2 WWWの歴史

　ARPANETから発展してきたインターネットは，当初は大学や研究機関などに所属するごく限られた人が，電子メールやプログラム交換などで利用するに留まっていた。これが今日のように一般の人々にも利用されるようになったのはWWWが開発されてからのことである。

　WWWは，1989年にイギリスのティム・バーナーズ・リー（Timothy John Berners-Lee）によって開発された。当時，コンピュータ技術者としてスイスジュネーブ郊外にあるCERN（欧州原子核研究機構：セルン）に出向していた彼は，研究所内の研究者のもつ情報や文書を共有化して利用できるシステムを検討していた。CERNのほとんどのコンピュータはインターネットに接続されていたものの，お互いのコンピュータ内から1つの論文を取り出すにも非常に苦労していた状況であったためである。

　その結果，誕生したのがWWWである。WWWの特徴の1つは，その文書中に含まれるある情報項目を，別の文書と結びつける「ハイパーリンク」が可能なことである（**図6-23**参照）。リンク情報を埋め込んだ文書をハイパーテキスト（hypertext）という。ハイパーテキストは既に1960年代から提唱されていたものの，当初は自らのコンピュータ内の情報資源のみを対象とした概念であった。これがバーナーズ・リーの価値ある着想によってインターネットにまで拡張されたのである。

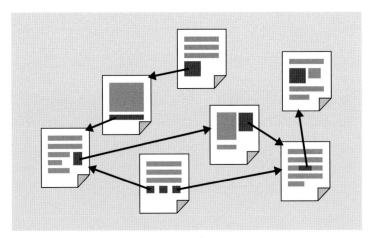

図6-23　ハイパーリンク

バーナーズ・リーのWWWに関する基本的なアイデアは次のようなものである。

- URL（Uniform Resource Locater：万国共通文書名表記）で閲覧する文書を指定する
- HTML（Hyper Text Markup Language）という共通の形式に従って文書を書く
- HTTP（Hyper Text Transfer Protocol）という手順に従って文書を転送する

　開発当初のWWWにおいて表示できるものは文字のみであった。これは技術的な理由に加えて，その当時，画像表示のできる性能をもつ端末機器が少なかったことや，通信回線の容量が今ほど大きくなく大量の画像データの通信による通信回線パンクの恐れもあったことなどのやむを得ない事情によるものでもあった。しかし，表示が文字に限られていたことがネックとなり，WWWが広く普及するには至らなかった。

　そこでバーナーズ・リーは，WWWに関するソフトウェア作成を呼びかけ，これをきっかけとして1993年に誕生したのがMosaic（モザイク）である。Mosaicは，イリノイ大学のNCSA（National Center for Supercomputing Application）でマーク・アンドリューセン（Marc Lowell Andreessen）らによって開発され，WWWに絵や写真といったグラフィック表示ができるようにしたブラウザである。

　マーク・アンドリューセンは，1994年にジェイムズ（ジム）・クラーク（James Henry Clark）とともにモザイク・コミュニケーションズを設立し，同年10月にモジラVer.0.9を完成しフリーで公開した。モザイク・コミュニケーションズはその後ネットスケープになり，初の商用ブラウザであるNetscape Navigatorの販売により，WWWの爆発的な普及に貢献した。

6.3.3　Webページ閲覧の仕組み

　閲覧するWebページを指定する場合，図6-24に示すURLを用いる。URLはインターネット上の情報資源の保存場所，HTTPはWebブラウザがWebサーバと通信を行うためのプロトコル，ドメイン名は情報資源をもつコンピュータの名称，パスは閲覧するWebページ（拡張子htmlのファイル）にたどり着くまでの経路である。

図6-24 URLの例

　Webページ閲覧の仕組みを**図6-25**に示す。Webサーバは，Webページを保存し，それを要求に応じて送信する機能をもつコンピュータである。

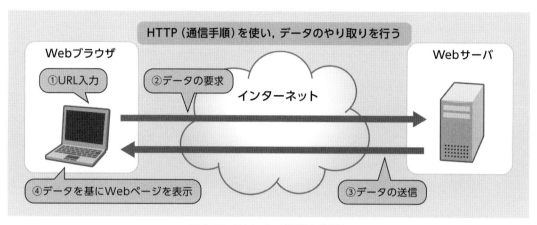

図6-25 Webページ閲覧の仕組み

例題6-5

ネットワークを介したアプリケーション間の通信を実現するために，数多くのプロトコルが階層的に使用されている。次の記述中のa，bに入れるプロトコル名をア～エからそれぞれ1つずつ選びなさい。
（平成22年度 秋期 ITパスポート試験 問65 改変）

インターネットでWebページを閲覧する場合，ブラウザとWebサーバは，　a　というプロトコルを使用する。この　a　による通信は，その下層の　b　と，さらにその下層のIPというプロトコルを使用する。

　ア．WWW　　　　イ．HTTP　　　　ウ．TCP　　　　エ．OSI

解説 インターネットでWebページを閲覧する場合，HTTPを使用する。HTTPは，TCP/IPプロトコル群のアプリケーション層のプロトコルである（図6-15参照）。

解答 aはイ，bはウ

6.3.4 HTMLの書式

　Webブラウザの「ソースの表示」機能で，閲覧中のWebページのHTMLによる記述内容を参照できる。HTML文書は，文書中の通常のテキストにタグという書式指定を付加することで，文書の論理的

構造やリンクを記述したものである。**図6-26**にHTML文書の基本構造，**図6-27**にHTML文書の具体例，**図6-28**に図6-27のHTML文書をWebブラウザで表示したものを示す。Webブラウザの役割は，HTML文書のタグの内容を解釈して表示することである。

　本来は文書の論理的構造を記述するためのHTMLに，次第に視覚的な表現（見栄え）まで指定されるようになってきた。そこで，現在の規格では，文書構造はHTML，デザインやレイアウトはCSS（Cascading Style Sheets：スタイルシート）を用いて指定することで，構造と見栄えの分離が実現されている（**図6-29**参照）。

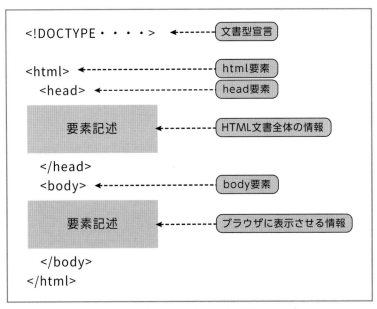

図6-26　HTML文書の基本構造

```
<!DOCTYPE HTML PUBLIC "-//W3C//DTD HTML 4.01 Transitional//EN"
"http://www.w3.org/TR/html4/loose.dtd">
<html>
<head>
<meta http-equiv="Content-Type" content="text/html; charset=UTF-8">
<title>Webページ制作入門</title>
</head>

<body>
<h1>Webページ制作入門</h1>

<h2>テーマ・概要</h2>
<p><strong>「HTML＆CSSによるWebページ制作入門」</strong><br>
本授業は、Webページの制作に必要な技術を習得する。<br>
授業では、まずテキストに沿ってHTMLとCSSの基礎知識を習得する。</p>

<address>
計算機大学<br>
Copyright Computer University All rights reserved.
</address>
</body>
</html>
```

図6-27　HTML文書の例

図6-28　Webページの例（図6-27のHTML文書をブラウザで表示させたもの）

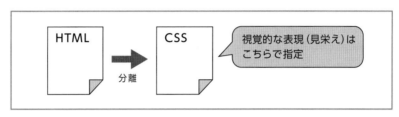

図6-29　HTMLとCSSの分離

6.3.5 WWWに関する様々な技術

(1) フィード

　フィード（feed）は，ニュースやブログなどのWebサイトの要約や更新情報を配信する仕組みや，配信されるデータである。フィードに対応しているWebページやブログにはフィードマークが表示される（**図6-30**参照）。配信されるデータには，RSSやAtomなどの標準化された仕様がある。

　RSS（RDF Site Summary/Really Simple Syndication）は，Webページの見出しや要約などを配信するためのXML仕様である。RSSリーダを用いて，登録したWebサイトの更新状況を自動的に収集できる。Atom（アトム）は，RSSの代替を目的として開発された仕様である。

図6-30　RSSアイコン（Wikimedia Commons「RSS」より）

(2) Webビーコン

　Webビーコン（beacon）は，利用者のアクセス動向を把握するための手法である。WebページやHTMLメールに非常に小さな画像を埋め込んでおき，これらが閲覧されるとサーバから画像のダウンロードがされる。これを調べることで，アクセス動向を把握できる。広告配信を行う企業などが用いている。

(3) クッキー

クッキー（Cookie）は，Webサーバが送信した情報をクライアント内にテキストデータ形式で保存したものである。クライアントが再度同じWebサーバにアクセスした際に，保存されたクッキーが送信され，これによりクライアントが識別される。

(4) Webクローラ

Webクローラ（crawler）は，インターネットを巡回して情報を収集するプログラムである。

例題6-6

RSSの説明として，適切なものはどれか。 （平成25年度 秋期 ITパスポート試験 問69）

ア．Webサイトの色調やデザインに統一性をもたせるための仕組みである。

イ．Webサイトの見出しや要約などを記述するフォーマットであり，Webサイトの更新情報の公開に使われる。

ウ．Webページに小さな画像を埋め込み，利用者のアクセス動向の情報を収集するために用いられる仕組みである。

エ．年齢や文化，障害の有無にかかわらず，多くの人が快適に利用できるWeb環境を提供する設計思想である。

解説 アはCSS（Cascading Style Sheets：スタイルシート），ウはWebビーコン，エはWebアクセシビリティの説明である。

解答 イ

6.4 電子メール

6.4.1 電子メールの概要

電子メールはインターネットを利用したサービスの1つである。電子メールは，**図6-31**に示す形式のアドレスを用いる。このアドレスは，「名前@住所」を表したものである。

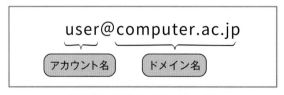

図6-31 電子メールのアドレス例

6.4.2 電子メールのプロトコル

電子メールの送受信の仕組みを**図6-32**に示す。

送信者のメールソフトは，まず送信者のメールサーバに送信メールを届ける。メールサーバは，メー

ルアドレスの@以降のドメイン名をDNSサーバに問い合わせて宛先のメールサーバを識別し，メールを宛先のメールサーバ内のメールボックスまで送信する。メールボックスは，電子メールのアカウントごとに割り当てられる個人の郵便箱のようなものである。受信者のメールソフトは，受信者のメールサーバ内にあるメールボックスにアクセスして受信メールをダウンロードして受け取る。

電子メールに関するプロトコルに，SMTP（Simple Mail Transfer Protocol），POP3（Post Office Protocol version3），IMAP4（Internet Message Access Protocol version4）がある。SMTPはメールの送信時やサーバ間の転送時，POP3はメールの受信時に用いられる。IMAP4は，メールの受信時のプロトコルであるが，メールをサーバ内のメールボックスに残しながら操作したい場合に用いられる。

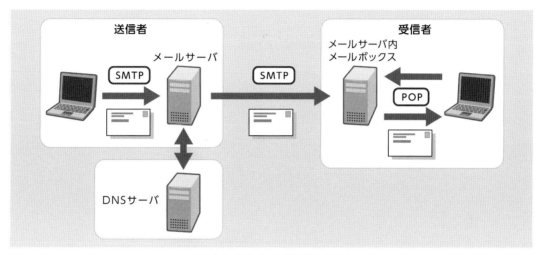

図6-32　電子メール送受信の仕組み

インターネットの電子メールでは，本来ASCIIコード（英数字を7ビットで表す文字コード）しか送信できない。そのため，ひらがなや漢字などの日本語文字を送信する場合には，それらをASCIIコードにエンコード（符号化）する必要がある。そのための仕組みがMIME（Multipurpose Internet Mail Extensions：マイム）であり，様々な種類のデータを電子メールで送信できるようになった。

6.4.3　同報通信の送信先指定

同報通信は，同一の電子メールを複数の宛先に同時に送信する機能である。同報通信の送信先指定の種類に，「to」，「cc」，「bcc」の3種類がある。

「to」に主な宛先のアドレスを指定する。ここに指定した宛先名やアドレスは，「to」，「cc」，「bcc」に指定した全員に公開される。

「cc」には，主な宛先以外でメール内容を情報共有しておきたい相手のアドレスを指定する。「cc」は「carbon copy」の略である。ここに指定した宛先名やアドレスは，「to」，「cc」，「bcc」に指定した全員に公開される。

「bcc」は，メール内容を知らせておきたい相手，ただしそれを他の送信先に知られたくない場合に利用する。「bcc」は「blind carbon copy」の略である。ここに指定した宛先名やアドレスは，「to」，「cc」，「bcc」に指定した全員に知られることはない。

ccとbcc機能を図6-33に示す。ccやbccによる同報通信機能は便利である反面，使い方を誤ると，本来ならばプライバシー保護のため秘匿しておかなければならない送信先の電子メールアドレスを，意図しない送信先に知られてしまう場合があるので注意が必要である。

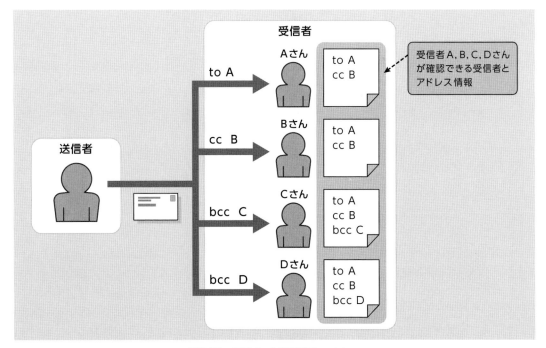

図6-33　電子メール送信時のccとbcc

6.4.4 電子メールに関するサービス

(1) Webメール

　Webメール（Web mail）は，Webブラウザを使用して電子メールの作成・送受信・閲覧ができるサービスである。Webメールを利用の場合，電子メール専用のソフトウェアを使用する必要がなく，Webメールの画面で専用のIDとパスワードを入力してログインすればよい。無料サービスのGoogleのGmailやMicrosoftのHotmail，Yahoo! JAPANのYahoo!メールなどがある。

(2) メーリングリスト

　メーリングリスト（mailing list）は，電子メールを送信する場合，あらかじめ登録しておいたメンバー全員に同じメールを送信できるサービスである。専用サービスを利用してメンバー全員のメールアドレスを登録しておき，メーリングリスト用アドレスにメールを送信すると，メールサーバが登録メンバー全員に自動的にそのメールを配信する仕組みである。

(3) メール転送サービス

　メール転送サービス（e-mail forwarding service）は，あるメールアドレスに送信されたメールを，別のメールアドレスに転送するサービスである。

6.5 通信の速さを表す単位

　データの伝送速度を表す単位に，単位時間（秒）当たりどれだけの情報量（ビット）を送信できるかを表す「ビット／秒（bps：bit per second）」がある。情報量が多い場合には，kbpsやMbpsなどが用いられる。

第6章 演習問題

6.1 LANに関する記述①～③のうち，適切なものだけをすべて挙げたものはどれか。

(平成26年度 秋期 ITパスポート試験 問56 改変)

① LANに，テレビやゲーム機を接続することもできる。
② LANの構築には，電気通信事業者との契約が必要である。
③ LANを構成する機器間の接続には，ケーブルや無線が用いられる。

ア．①, ②　　イ．①, ②, ③　　ウ．①, ③　　エ．②, ③

6.2 WANに関する記述として，最も適切なものはどれか。

(平成25年度 秋期 ITパスポート試験 問71)

ア．ADSL，光ファイバなど，データ通信に使う周波数帯域が広く，高速通信が可能である。
イ．あらゆる情報端末や機器が，有線や無線の多様なネットワークによって接続され，いつでもどこからでも様々なサービスが利用できる。
ウ．ケーブルの代わりに電波を利用して構築する。
エ．通信事業者のネットワークサービスを利用して，本社－支店間など地理的に離れたLAN同士を結ぶ。

6.3 IPネットワークにおけるルータに関する記述のうち，適切なものはどれか。

(平成21年度 春期 ITパスポート試験 問56 改変)

ア．IPアドレスとドメイン名を対応づける。
イ．IPアドレスを利用してパケット転送の経路を選択する。
ウ．アナログ信号とデジタル信号を相互に変換する。
エ．ほかのコンピュータから要求を受けて，処理の実行やデータの提供を行う。

6.4 インターネットのプロトコルで使用されるポート番号の説明として，適切なものはどれか。

(平成21年度 秋期 ITパスポート試験 問55)

ア．コンピュータやルータにおいてEthernetに接続する物理ポートがもつ固有の値
イ．スイッチングハブにおける物理的なポートの位置を示す値
ウ．パケットの送受信においてコンピュータやネットワーク機器を識別する値
エ．ファイル転送や電子メールなどのアプリケーションごとの情報の出入口を示す値

第6章 ネットワーク

6.5 室内で複数のコンピュータを接続するLANを構築したい。必要なものはどれか。

(平成23年度 秋期 ITパスポート試験 問68)

ア．インターネット　　イ．スプリッタ　　ウ．ハブ　　エ．モデム

6.6 携帯電話の電子メールをインターネットの電子メールとしてPCで受け取れるようにプロトコル変換する場合などに用いられ，互いに直接通信できないネットワーク同士の通信を可能にする機器はどれか。

(平成26年度 秋期 ITパスポート試験 問66)

ア．LANスイッチ　　イ．ゲートウェイ　　ウ．ハブ　　エ．リピータ

6.7 インターネット上でデータを送るときに，データをいくつかの塊に分割し，宛先，分割した順序，誤り検出符号などを記したヘッダをつけて送っている。このデータの塊を何と呼ぶか。

(平成26年度 秋期 ITパスポート試験 問70 改変)

ア．ドメイン　　イ．パケット　　ウ．ポート　　エ．ルータ

6.8 インターネットでは，通信プロトコルとして使用されてきたIPv4以外にもIPv6が使用され始めている。IPv6の説明のうち，適切なものはどれか。

(平成22年度 秋期 ITパスポート試験 問60)

ア．IPv4のネットワークとは共存できないので，独立したネットワークとして構築する必要がある。
イ．IPアドレスのビット長がIPv4の4倍あり，心配されていたIPアドレスの枯渇が回避できる。
ウ．IPアドレスは数値ではなく，ホスト名とドメイン名による文字列で構成されている。
エ．暗号通信の機能はなく，暗号化と復号は上位層のプロトコルで行われる。

6.9 PCがネットワークに接続されたときにIPアドレスを自動的に取得するために使用されるプロトコルはどれか。

(平成26年度 春期 ITパスポート試験 問58)

ア．DHCP　　イ．HTTP　　ウ．NTP　　エ．SMTP

6.10 DNSの説明として，適切なものはどれか

(平成21年度 春期 ITパスポート試験 問59)

ア．インターネット上で様々な情報検索を行うためのシステムである。
イ．インターネットに接続された機器のホスト名とIPアドレスを対応させるシステムである。
ウ．オンラインショッピングを安全に行うための個人認証システムである。
エ．メール配信のために個人のメールアドレスを管理するシステムである。

6.11 URLに関する説明として，適切なものはどれか。

(平成22年度 秋期 ITパスポート試験 問74)

ア．Webページとブラウザとの通信プロトコルである。
イ．Webページの更新履歴を知らせるメッセージである。
ウ．Webページのコンテンツ（本文）を記述するための文法である。
エ．Webページの場所を示すための表記法である。

6.12 Webページの見栄えをデザインするためのものはどれか。

(平成24年度 春期 ITパスポート試験 問53)

ア．cookie　　　イ．CSS　　　ウ．CUI　　　エ．SSL

6.13 HTMLに関する記述として，適切なものはどれか。

(平成24年度 春期 ITパスポート試験 問67)

ア．タグを使ってWebページの論理構造やレイアウトを指定できるマークアップ言語である。
イ．ブラウザで動作する処理内容を記述するスクリプト言語である。
ウ．ブラウザとWebサーバとの間で行う通信のプロトコルである。
エ．利用者が独自のタグを定義してデータの意味や構造を記述できるマークアップ言語である。

6.14 Webサイトの更新状況の把握に関して，次の記述中のa，bに入れる字句の適切な組合せはどれか。

(平成24年度 秋期 ITパスポート試験 問54)

指定したWebサイトを巡回し，Webサイトの見出しや要約などを小さくまとめた　a　と呼ばれる更新情報を取得してリンク一覧を作成するソフトウェアを　b　リーダという。

	a	b
ア	サムネイル	CSS
イ	サムネイル	RSS
ウ	フィード	CSS
エ	フィード	RSS

第6章 ネットワーク

6.15 プロトコルに関する記述のうち，適切なものはどれか。

（平成23年度 秋期 IT パスポート試験 問77）

ア．HTMLは，Webデータを送受信するためのプロトコルである。

イ．HTTPは，ネットワーク監視のためのプロトコルである。

ウ．POPは，離れた場所にあるコンピュータを遠隔操作するためのプロトコルである。

エ．SMTPは，電子メールを送信するためのプロトコルである。

6.16 PC間で電子メールを送受信する場合に，それぞれのPCとメールサーバとのやり取りで利用される通信プロトコルに関する記述のうち，適切なものはどれか。

（平成21年度 春期 IT パスポート試験 問75）

ア．PCから送信するときはPOPが利用され，受信するときはSMTPが利用される。

イ．PCから送信するときはSMTPが利用され，受信するときはPOPが利用される。

ウ．PCから送信するときも，受信するときも，ともにPOPが利用される。

エ．PCから送信するときも，受信するときも，ともにSMTPが利用される。

6.17 PCで電子メールを読むときに，PCにメールをサーバからダウンロードするのではなくサーバ上で保管し管理する。未読管理やメールの削除やフォルダの振分け状態などが会社や自宅にあるどのPCからも同一に見えるようにできるメールプロトコルはどれか。

（平成25年度 春期 IT パスポート試験 問84）

ア．APOP　　　イ．IMAP4　　　ウ．POP3　　　エ．SMTP

6.18 電子メールの宛先入力欄におけるBccに関する記述として，適切なものはどれか。

（平成26年度 秋期 IT パスポート試験 問64）

ア．Bccに指定した宛先には，自動的に暗号化された電子メールが送信される。

イ．Bccに指定した宛先には，本文を削除した件名だけの電子メールが送信される。

ウ．Bccに指定した宛先のメールアドレスは，他の宛先には通知されない。

エ．Bccに指定した宛先は，配信エラーが発生したときの通知先になる。

6.19 ネットワークの伝送速度を表す単位はどれか。

（平成23年度 秋期 IT パスポート試験 問56）

ア．bps　　　イ．fps　　　ウ．ppm　　　エ．rpm

第7章 情報セキュリティ

　情報社会において生活する私たちは，日々，インターネットに接続されたPCや情報携帯端末などの情報機器の便利さを享受する一方で，常に危険（リスク）と隣り合った状況に置かれてもいる。そのため，情報機器の利用にあたっては，リスクに対する十分な認識をもち，必要な知識を身につけて自分を守らなければならない。
　本章では，大学や会社などの組織の一員として，安全にかつ安心して情報機器やネットワークを利用するために，情報セキュリティの必要性を理解し，情報セキュリティを脅かすリスクとその対策について学習する。

7.1　情報セキュリティの基本概念

　情報セキュリティマネジメントシステム（Information Security Management System：ISMS）の国際規格であるISO/IEC27000シリーズでの定義によると，情報セキュリティとは，情報資産の機密性（Confidentiality），完全性（Integrity），および可用性（Availability）を維持することである（**図7-1**参照）。

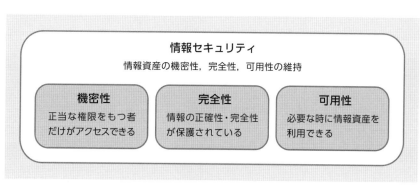

図7-1　情報セキュリティの目的

　ここで情報資産とは，企業などの組織が保有するハードウェア，ソフトウェア，機密情報（顧客情報，人事情報，営業情報，知的財産関連情報など）のことである。特に機密情報は，業務遂行の過程で生み出された貴重な価値をもち，これを失うことは競争力の低下を招き，ひいては組織の存続にまで影響を及ぼすほどの大きな不利益となる。なお，情報資産の価値は金銭的なものに限らず，ブランドイメージを形成する価値や，外部からの信用を得られる価値なども含まれる。
　機密性は，正当な権限をもつ者だけが情報資産にアクセスして，これを利用できることである。機密性を保つためには，不正アクセスや情報漏えいの防止が必要である。
　完全性は，情報や情報の処理方法の正確性・完全性が保護されていることである。完全性を保つためには，データの破壊や改ざんの防止が必要である。
　可用性は，許可された者が必要な時には確実に情報資産を利用できることである。可用性を保つためには，障害などのトラブルによるサービス停止の防止が必要である。

第7章 情報セキュリティ

例題7-1

情報セキュリティの要素である機密性，完全性および可用性のうち，完全性を高める例として，最も適切なものはどれか。　　　　　　　　（平成26年度 秋期 ITパスポート試験 問67 改変）

ア．データの入力者以外の者が，入力されたデータの正しさをチェックする。
イ．データを外部媒体に保存するときは，暗号化する。
ウ．データを処理するシステムに予備電源を増設する。
エ．ファイルに読み出し用パスワードを設定する。

解説 暗号化や読み出し用パスワードは機密性，予備電源は可用性を高める例である。

解答 ア

7.2 リスクマネジメント

　リスクマネジメントは，リスクの特定・分析・評価で明らかになったリスクについて，適切なリスク対策を選択して実施運用し，その結果を評価・監査していく一連のプロセスであり（**図7-2**参照），全組織的・全社的活動として実施する経営管理手法である。

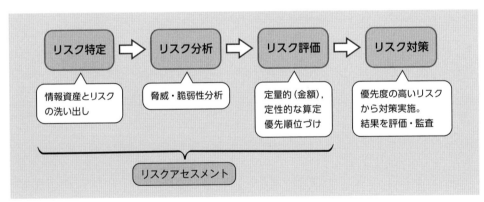

図7-2　リスクマネジメントのプロセス

　ここでリスクは，情報資産が損なわれて不利益や損失が発生する可能性であり，リスクアセスメントは，リスク特定，リスク分析，リスク評価のプロセスに沿って，リスクの値を評価することである。
　脅威は，情報資産に危害を及ぼす原因となるものであり，人的，技術的，物理的の3つに大別される（**図7-3**参照）。脅威の詳細は7.4節において学習する。

人的脅威	内部不正(機密情報の盗出・漏えい・改ざん),誤操作,紛失,破損,盗み見,盗聴,なりすまし,クラッキング,ソーシャルエンジニアリング
技術的脅威	マルウェア(コンピュータウイルス,マクロウイルス,ワーム,トロイの木馬,スパイウェア,ランサムウェア,ガンブラー,キーロガー,ボット),セキュリティホール,ゼロデイ攻撃,バックドア,パスワードクラック,パスワードリスト攻撃,水飲み場攻撃,DoS攻撃,DDoS攻撃,フィッシング,SQLインジェクション,クロスサイトスクリプティング,ファイル交換ソフトウェア,バッファオーバーフロー
物理的脅威	災害(火災,地震,水害,落雷など),破壊(機器,回線,データ),妨害

図7-3 脅威の種類

脆弱性は,脅威に対する弱さである。ちなみに,実際にセキュリティ事故が発生して情報資産が損なわれてしまった状態を,リスクの顕在化(インシデント)という。

リスクアセスメントにより評価するリスクの値(大きさ)は,式(1)で算出する。

$$\text{リスクの値} = \text{情報資産の価値} \times \text{脅威レベル} \times \text{脆弱性レベル} \quad (1)$$

式(1)の「情報資産の価値」は,機密性,完全性,および可用性の3つの観点から評価する。例えば,漏えいした場合には組織に甚大な影響を及ぼす極秘の情報は機密性における資産価値が高くなり(**図7-4**参照),情報の内容が改ざんされた場合に業務への影響が深刻かつ重大となるものは完全性における資産価値が高くなり(**図7-5**参照),ごくわずかの時間での停止しか認められないようなものであれば可用性における資産価値が高くなる(**図7-6**参照)。

資産価値	クラス	説明
1	公開	一般に公開,提供しているもの
2	社外秘	機密情報を含まない社内文書(議事録など)
3	部外秘	関係部署にのみ開示し,漏えい時に影響を及ぼす情報(個人情報や顧客情報)
4	極秘	極一部にのみ開示し,漏えい時に甚大な影響を及ぼす情報(新製品開発情報や技術情報)

図7-4 機密性の基準例

資産価値	クラス	説明
1	低	改ざんされても,業務への影響が少ない
2	中	改ざんされた場合,業務への影響が大きい
3	高	改ざんされた場合,業務への影響が深刻かつ重大

図7-5 完全性の基準例

資産価値	クラス	説明
1	低	1日以上の利用停止が許容される
2	中	1時間程度の利用停止が許容される
3	高	1分未満の利用停止まで許容される

図7-6 可用性の基準例

これら3つの観点から情報資産の価値を決定する。その方法には次のようなものがあり，各組織の実情にあったものを選択する。

- 機密性，完全性，可用性の平均値を用いる
- 機密性，完全性，可用性の最高値を用いる
- 機密性，完全性，可用性の資産価値が何点以上のものがいくつ以上あればそれを用いる（例えば，資産価値3以上のものが2つ以上あれば3にする，など）

図7-7に，機密性，完全性，可用性の最高値を用いて情報資産の価値を決定した例を示す。

部署	情報資産	機密性	完全性	可用性		情報資産の価値
営業	顧客情報	4	3	3	→	4
人事	採用情報	3	1	1	→	3
全部署	社内メールサーバ	3	3	3	→	3
	…					

図7-7　情報資産の評価

式(1)の「脅威レベル」は，発生する可能性の高低によって決定される。発生する可能性が高いほど脅威レベルが高くなる（図7-8参照）。

レベル	クラス	説明
1	低	発生可能性が低い
2	中	発生可能性が中程度
3	高	発生可能性が高い

図7-8　脅威レベルの基準

式(1)の「脆弱性レベル」は，実施されている対策の度合によって決定される。全く対策が講じられていない脆弱な状態になるにつれて脆弱性レベルが高くなる（図7-9参照）。

レベル	クラス	説明
1	低	適切な対策が講じられており安全である
2	中	対策の追加等による改善の余地がある
3	高	全く対策が講じられておらず脆弱である

図7-9　脆弱性レベルの基準

したがって式(1)は，情報資産の価値が高く，脅威レベルが高く，脆弱性レベルが高いほど，リスクの値が大きくなることを意味している。

ここで，式(1)を用いたリスクの値の計算例を図7-10に示す。図7-7において資産の価値が4と決定された顧客情報の脅威レベルが3，脆弱性レベルが2であった場合のリスクの値は，$4 \times 3 \times 2 = 24$となる。

情報資産	資産の価値	脅威レベル	脆弱性レベル	リスクの値
顧客情報	4	3	2	24

図7-10　リスクの値の評価

　このようなリスクアセスメントにより評価したリスクの値を基にして，適切なリスク対策を選択する。

　リスク対策の基本的かつ具体的な施策は，脆弱性レベルを低くすることである。なぜならば，既に保有している情報資産を減らすことは難しく，また外的要因の大きい脅威をすべてなくすことや脅威レベルを低くすることは事実上不可能なためである。

　リスクの予想損失額と発生確率の大小に応じたリスク対策の種類を**図7-11**に示す。

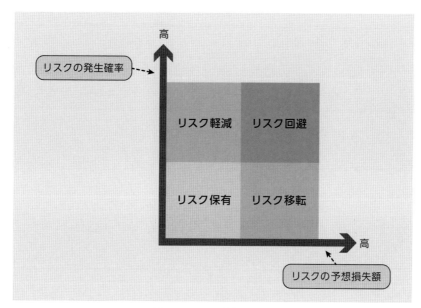

図7-11　リスク対策の種類

　リスク回避は，リスクの原因を取り除き，リスクを避けることである。リスクの発生自体を抑える極端な事例に，インターネットの利用を停止するなど，リスクの原因となるものを使用しないことや，事業そのものから撤退することなどがある。

　リスク軽減は，リスクを受け入れ可能な程度（受容水準，あるいは許容水準という）にまで小さく（低減）することである。具体的には，データのバックアップをとる，ウイルス対策ソフトウェアを導入するなどの情報セキュリティ対策をとり，リスクの影響を極力抑えることである。

　リスク移転は，第三者（他社）にリスクを引き受けてもらうこと（転嫁）である。情報システム運用の外部委託や保険加入などがある。

　リスク保有は，特定したリスクへの対策を特にとらず，リスクをそのまま受け入れること（受容）である。ただしこの場合でも，運用管理規定などに明記して，管理されたリスクであることを示しておくことが必要である。

第7章 情報セキュリティ

例題7-2

情報セキュリティにおけるリスクマネジメントに関する記述のうち,最も適切なものはどれか。

(平成25年度 春期 ITパスポート試験 問71 改変)

ア.最終責任者は,現場の情報セキュリティ管理担当者の中から選ぶ。

イ.組織の業務から切り離した単独の活動として行う。

ウ.組織の全員が役割を分担して,組織全体で取り組む。

エ.1つのマネジメントシステムの下で各部署に個別の基本方針を定め,各部署が独立して実施する。

解説 リスクマネジメントは,適切なリスク対策を実施運用し,その結果を評価・監査していく一連のプロセスである。最終責任者は,リスクマネジメント担当責任者であり,多くは最高情報セキュリティ責任者(Chief Information Security Officer:CISO)である。リスクマネジメントは,全社的活動として実施するものであり,業務から切り離した単独の活動や各部署が独立して実施するものではない。

解答 ウ

7.3 情報セキュリティマネジメントシステム

　情報セキュリティマネジメントシステム(Information Security Management System:ISMS)は,企業などの組織が情報セキュリティ対策を講じるための仕組みである。ISMSの国際規格は2005年10月に発効されたISO / IEC 27001である。この規格を参照して経済産業省が作成した認証基準がJIS Q 27001である。この基準に従ってISMSを整備し,認証機関の審査を通れば認証を取得できる。認証取得は,内部的には体系に基づく情報セキュリティ対策が実施でき,また外部的には適切な情報セキュリティ対策が講じられている信頼性の高い組織であることをアピールできるメリットがある。

　ISMSの基本方針を情報セキュリティポリシという。情報セキュリティポリシは,組織として一貫した情報セキュリティ対策を行うために必要なガイドラインであり,明文化して保管されるものである。

　情報セキュリティポリシの基本構造を図7-12に示す。

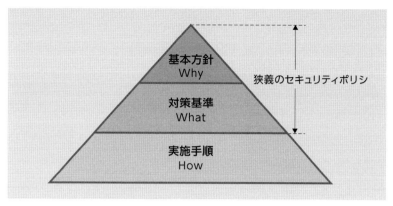

図7-12　情報セキュリティポリシの基本構造

(1) 基本方針(基本ポリシ)

　基本方針は，全社的に情報セキュリティ対策に取り組むための経営者層からの宣言である。具体的な規定に先立つ目的(「なぜセキュリティが必要なのか」という「Why」についての規定)や方針(どのような情報資産を，どのような脅威から(リスク分析)，どのような方針で守るのか)や，管理・教育体制，原則(遵守義務や罰則)などが明記される。

(2) 対策基準(スタンダード)

　対策基準は，基本方針を遵守するために「何を実施しなければならないか」という「What」について記述した実際に守るべき規定である。対象者や適用範囲などが記された，より具体的な指針である。

(3) 実施手順(プロシージャ)

　実施手順は，対策基準の規定を実施する際に「どのように実施するのか」という「How」について記述した具体的な行動指針である。操作方法や取扱注意点などの詳細が記された手順書やマニュアル類である。

　企業などの組織をとりまく環境は絶えず変化し，新たな脅威も次々に発生する。そのためISMSの実施は，PDCAサイクルに沿ったものが望ましい。
　PDCAは，Plan(計画)，Do(実施)，Check(評価)，Action(改善)の頭文字を示したものである(**図7-13**参照)。

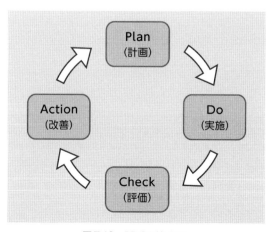

図7-13　PDCAサイクル

第7章 情報セキュリティ

PDCAサイクルに沿ったISMSの実施は、具体的には次のような取組みである。

- **Plan：情報セキュリティポリシの策定，目標や適用範囲の定義**
  ISMSの計画立案，基本方針の策定，リスク分析，対策基準・実施手順の策定。
- **Do：情報セキュリティ対策の導入・運用**
  情報セキュリティポリシに応じた具体的な機器やソフトウェアの選定と設定，アクセス権の設定，ファイアウォールの構築，社員教育の実施など。
- **Check：情報セキュリティ対策の運用効果の評価**
  運用した結果の状況確認，情報セキュリティ対策が適切であったかどうかの分析。ウイルス情報や外部からの不正アクセス有無の確認と結果検証など。
- **Action：情報セキュリティ対策の見直し・改善**
  情報セキュリティ対策の評価・改善。情報セキュリティポリシの適切性評価・改訂。

例題7-3

情報セキュリティポリシに関する文書を，基本方針，対策基準および実施手順の3つに分けたとき，これらに関する説明のうち，適切なものはどれか。

(平成26年度 春期 ITパスポート試験 問75 改変)

ア．経営者が立てた基本方針を基に，対策基準を策定する。
イ．現場で実施している実施手順を基に，基本方針を策定する。
ウ．現場で実施している実施手順を基に，対策基準を策定する。
エ．組織で規定している対策基準を基に，基本方針を策定する。

解説 情報セキュリティポリシに関する文書の策定手順は，基本方針（基本ポリシ）→対策基準（スタンダード）→実施手順（プロシージャ）である。

解答 ア

7.4 脅威

本節では，図7-3で参照した人的，技術的，物理的脅威の詳細について学習する。

7.4.1 人的脅威

人的脅威は，人によって直接引き起こされる脅威である。

(1) 内部不正

内部不正は，主に内部犯による機密情報の盗出，外部への漏えい，文字データや金額データの不正な改ざんなどである。

(2) 誤操作
　誤操作は，操作ミスによって重要ファイルを削除してしまったり，個人情報をWeb上に公開してしまったりすることである。

(3) 紛失
　紛失は，機密情報が記載・保存された書類，ノートPC，外部記憶媒体などを社外に持ち出して，置忘れや盗難などでなくしてしまうことである。

(4) 破損
　破損は，ノートPCなどを不慮に落下させたり，飲食物をこぼしたりするなどして使用できない状態にしてしまうことである。

(5) 盗み見
　盗み見は，PCや携帯情報端末などの画面に表示された機密情報を，肩越し（ショルダーハッキング：shoulder hacking）や隣から盗み見されることである。

(6) 盗聴
　盗聴は，ネットワーク上の通信データや記憶装置に保存されている機密情報を不正に盗み出されることである。

(7) なりすまし
　なりすましは，他人のユーザIDとパスワードを不正に入手して，あたかも正規利用者のようにふるまうことである。

(8) クラッキング
　クラッキング（cracking）は，クラッカー（cracker）が悪意をもって非合法にシステムに侵入し，プログラムやデータの改ざん，破壊，盗み出しをすることである。

(9) ソーシャルエンジニアリング
　ソーシャルエンジニアリング（social engineering）は，社会的手段により情報を盗むことである。例えば，ごみ箱をあさって機密情報が印刷された書類を盗むこと（スカビンジング：scavenging）や，システム管理者などになりすまし巧妙に話しかけてパスワードを聞き出すことなどである。人間を介した情報収集の不正な手口であり，ネットワークやコンピュータ技術などは一切用いない点に特徴がある。

7.4.2　技術的脅威
　技術的脅威は，主にプログラムによって引き起こされる脅威である。代表的な事例として，マルウェアの数種と，ネットワークを介した不正攻撃を取り上げる。

(1) マルウェア
　マルウェア（malware：malicious software＝悪意のソフトウェア）は，コンピュータウイルスのように不正で悪意のあるソフトウェアを総称した呼び名である。代表的なマルウェアに，以下のものがある。

- **コンピュータウイルス**
　コンピュータウイルス（computer virus）は，「コンピュータウイルス対策基準」（平成12年通商産

業省告示）の定義によると，「第三者のプログラムやデータベースに対して意図的に何らかの被害を及ぼすように作られたプログラムであり，自己伝染機能，潜伏機能，発病機能の各機能を一つ以上有するもの」である。

　　　自己伝染機能 ………… 他のプログラムに伝染する
　　　潜伏機能 ……………… 条件を満たすまでの間，発病せずに潜伏している
　　　発病機能 ……………… データ・プログラム・ファイルの破壊や，意図しない動作を引き起こす

● マクロウイルス

　マクロウイルス（macro virus）は，表計算ソフトなどのマクロ（自動処理実行のための簡易的プログラム）機能を悪用したものである。マクロが有効になったファイルを開いた際，他のファイルに感染し使用不能にするなどの被害を及ぼす。

● ワーム

　ワーム（worm）は，通常のウイルスで必要とする感染対象のファイルは不要であり，自己増殖して不正動作を働かせるものである。ネットワークを介して動き回る虫のように見えるため，この名がつけられた。

● トロイの木馬

　トロイの木馬（Trojan horse）は，見た目には有用なプログラムを装って利用者にダウンロードやインストールをさせることで感染を広げて，ファイルを使用不能にするなどの破壊的活動を行う不正で悪意のあるソフトウェアである。

● スパイウェア

　スパイウェア（spyware）は，ネットワークを経由して密かにコンピュータに侵入し，利用者に気づかれないまま，個人情報やWebのアクセス履歴などの情報を収集し，外部に送信する機能をもつソフトウェアである。

● ランサムウェア

　ランサムウェア（ransomware）は，悪意のある者が標的としたシステムにパスワードをかけてロックしたり，ファイルやフォルダを暗号化したりすることで，利用者がアクセスできない状態（人質）に陥れ，これを解除するための金銭，いわゆる身代金の支払いを要求するソフトウェアである。身代金（ransom）とソフトウェア（software）を組み合わせてこの名がつけられた。

● ガンブラー

　ガンブラー（Gumblar）は，Webサイトを閲覧するだけで感染するウイルスを用いた攻撃手法である。利用者が，改ざんされてスクリプト（不正コード）が挿入されたWebページを閲覧すると，そのスクリプトの働きにより攻撃者が管理する他の不正サイトに接続（リダイレクト：誘導）され，そこから自動的にダウンロードされたマルウェアによりパスワードを盗まれるなどの被害を受ける。

● キーロガー

　キーロガー（key logger）は，キーボードによって打たれたキーをテキストファイルなどに記録して，外部に漏えいさせるソフトウェアである。これによってパスワードやクレジットカード番号などの機密情報が盗まれる恐れがある。

- **ボット**

　ボット（bot）は，他人のコンピュータを乗っ取った後，ネットワークを通じて外部からそのコンピュータをロボットのように操ることを目的としたコンピュータウイルスである。スパムメールの発信源や，DDoS攻撃などの踏み台（中継点）とするために利用される。ボットに感染したコンピュータをゾンビ（zonbie）という。

(2) コンピュータネットワークを介した不正攻撃

- **セキュリティホール**

　セキュリティホール（security hole）は，ソフトウェア設計上のバグ（ミス）などによるセキュリティ上の欠陥（穴）である。セキュリティホールを利用して，データの改ざん，破壊，盗み出しなどが行われる。

- **ゼロデイ攻撃**

　ゼロデイ攻撃（zero-day attack）は，発見されたソフトウェアのセキュリティ上の脆弱性（セキュリティホール）を修正するプログラム（パッチ）が公表・適用される前のタイミングをねらい，いちはやくその脆弱性を悪用して行われる攻撃である。

- **バックドア**

　バックドア（backdoor）は，一度不正侵入に成功した者が利用者に気づかれないように仕込んだ窓口（裏口，勝手口）であり，再び不正侵入して遠隔操作を行うためのものである。

- **パスワードクラック**

　パスワードクラック（password crack）は，他人のパスワードを解析し，探り当てる攻撃である。辞書に載っている単語を片端から試す辞書攻撃や，ありそうなパスワードをすべて試すブルートフォースアタック（brute force attack）という総当たり攻撃などの手法がある。

- **パスワードリスト攻撃**

　パスワードリスト攻撃（password list attack）は，悪意をもつ者が，何らかの手法によってあらかじめ入手してリスト化したユーザIDやパスワードを利用してWebサイトへのアクセスを試み，正規の利用者のアカウントで不正にログインする攻撃である。アカウントリスト攻撃ともいう。

- **水飲み場攻撃**

　水飲み場攻撃（watering hole attack）は，特定の人や組織をねらう標的型攻撃の一種であり，標的とした組織や個人が頻繁に利用するWebサイトを調べた後，このサイトにマルウェアなどを仕込んでおく手法である。

- **DoS攻撃**

　DoS攻撃（Denial of Service attack）は，標的としたサーバにインターネット経由で大量のデータを送信して過大な負荷をかけ，処理能力低下や機能停止などを引き起こすことにより，サーバのサービス提供を妨害する攻撃である。

- **DDoS攻撃**

　DDoS攻撃（分散DoS攻撃：Distributed Denial of Service attack）は，攻撃元になる複数のコンピュータから一斉にDoS攻撃を仕掛ける不正行為である。攻撃元が単独である場合のDoS攻撃に比べると，

より大きな負荷（損害）を与えることができる。攻撃の踏み台とする複数のコンピュータは事前にボットで感染させておき，攻撃開始時に自由に操作できるようにしておく（図7-14参照）。

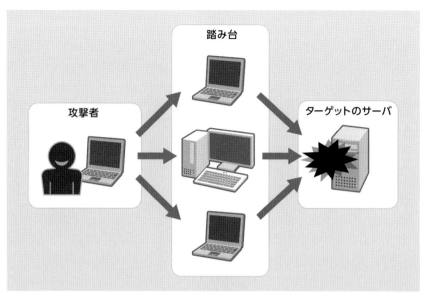

図7-14　DDoS

● **フィッシング**

フィッシング（phishing）は，偽の電子メールを送信し，メール本文中のURLをクリックさせることで偽のWebサイトに誘導し，そこでユーザIDやパスワード，クレジットカード番号などを入力させて盗み取る不正行為である。偽のWebサイトは実在する企業のWebサイトを巧妙にまねて作られているため，これにだまされる被害者が多い。

● **SQLインジェクション**

SQLインジェクション（SQL injection）は，データベースを利用したシステムに不正なSQL（表形式のリレーショナルデータベースの定義や操作を行うための言語）を含ませた（注入させた）データを送信することで，データベースに不正アクセスする方法である。

● **クロスサイトスクリプティング**

クロスサイトスクリプティング（cross site scripting）は，Webページで実行される簡易プログラムであるスクリプトを用いた不正行為である。罠となるスクリプトが仕掛けられたWebページを閲覧した利用者が別のWebページを閲覧した際に不正なスクリプトが実行されてしまい，クッキー（Cookie）が読み取られ個人情報が漏えいしてしまう。悪意のあるスクリプトが別のWebサイトにまたがって実行されることから，この名がついた（図7-15参照）。

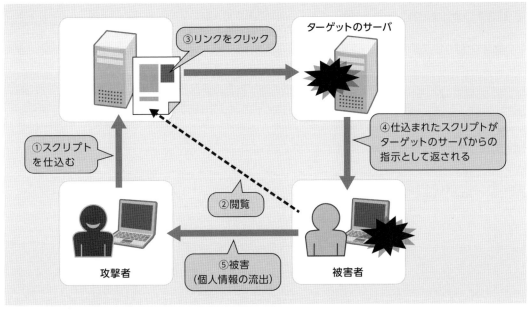

図7-15　クロスサイトスクリプティング

● **ファイル交換ソフトウェア**

　ファイル交換ソフトウェア（file exchange software）は，インターネットに接続されたコンピュータ間でファイル共有するためのものである。ファイル共有ソフトともいう。ファイル交換ソフトウェアの利用で機密情報流出の恐れがある。過去，不特定多数の個人間で直接データのやり取りを行えるピアツーピア（peer to peer：P2P）型のファイル交換ソフトであるWinny（ウィニー）による被害が多発した。

● **バッファオーバーフロー**

　バッファオーバーフロー（buffer overflow）は，標的のコンピュータがもつバッファ（一時的に入力データを記憶しておくための領域）のサイズをはるかに超えるような大きなデータを送り込むことでバッファをあふれさせ，プログラムの停止や誤動作を引き起こす方法である。

7.4.3　物理的脅威

　物理的脅威は，主に自然災害などによって引き起こされる脅威である。不正侵入者による物理的破壊，運用妨害行為なども含まれる。

例題7-4

セキュリティ事故の例のうち，原因が物理的脅威に分類されるものはどれか。

（平成21年度 秋期 ITパスポート試験 問66改変）

　ア．大雨によってサーバ室に水が入り，機器が停止する。
　イ．外部から公開用サーバに大量のデータを送られて，公開用サーバが停止する。
　ウ．攻撃者がネットワークを介して社内のサーバに侵入し，ファイルを破壊する。
　エ．社員がコンピュータを誤操作し，データが破壊される。

解説 物理的脅威は，大雨や落雷，地震などの自然災害などによって引き起こされる脅威である。

解答 ア

7.5 情報セキュリティ対策

7.5.1 人的セキュリティ対策

人が原因で生じる人的脅威に対する人的セキュリティ対策は，人への組織的な啓蒙・教育が基本となる。

(1) 情報セキュリティポリシ，各種社内規定やマニュアルの制定と遵守

管理体制の整備，社内規定やマニュアルを遵守させるための教育・訓練の徹底を行う。具体的には，ノートPCや外部記憶媒体による機密情報の持ち出し禁止，机上への重要書類放置の禁止，シュレッダーによる書類廃棄の徹底，PCの廃棄・譲渡時のデータ消去の徹底などである。

また，管理体制の整備の一環として，シーサート（CSIRT：Computer Security Incident Response Team）の設置が挙げられる。シーサートは，ネットワークを介して行われる外部からのコンピュータへの攻撃や脅威に対処する組織体である。企業や行政機関内に設置されている。日本で活動するシーサート間の情報共有および連携や，組織内シーサート設立の促進，支援を行う機関として，2007年に日本シーサート協議会が設立されている。

(2) アクセス管理の徹底

情報システムの機能，フォルダやファイルにアクセス権を設定し，権限のない者にはアクセスさせないようにする。例えばファイルの場合，全くアクセスを許可しない，読み取りのみ可能，読み書き可能といった細かなレベルを設定しておく。付与する権限は必要最小限にすることが基本原則である。

(3) 誤操作対策

操作を誤りにくくするようなユーザインタフェースの改善，フールプルーフ機能の導入などを行う。

(4) なりすまし対策

コールバック（callback）を導入する。コールバックは，認証サーバが利用者を認証後にすぐに利用させず，事前に登録してある利用者の電話番号に電話をかけて本人確認する方法である。

7.5.2 技術的セキュリティ対策

主にプログラムによって引き起こされる技術的脅威に対する技術的セキュリティ対策に，以下のものがある。

(1) マルウェア感染防止対策

● ウイルス対策ソフトの導入

ウイルス対策ソフトを導入し，常時起動させておく。また，最新のウイルス定義ファイル（パター

ンファイル）を使用する。ウイルス定義ファイルは，ウイルスの特徴（パターン）を記録したものである。ウイルス対策ソフトは，このパターンファイルと，検査対象のファイル内容とを照合し，パターンと合致したもの（＝ウイルス）が含まれていないかどうかを判断する。そのため，古いパターンファイルでは，新種のウイルスに対応できない。

ウイルス対策機能に加えて，スパイウェア対策やパーソナルファイアウォールなどの機能を備え，セキュリティ全般の対策ができるセキュリティ対策ソフトウェアもある。

●**電子メールソフトウェアやWebブラウザのセキュリティ設定**

電子メールソフトウェアやWebブラウザがもつセキュリティ設定機能の利用で安全性を高める。例えば，電子メールソフトウェアでは，HTML表示やプレビュー表示をさせないようにする設定，Webブラウザでは，ActiveXフィルタの有効化，クッキーやポップアップのブロック機能の有効化などの設定ができる。ActiveXは，Webページ閲覧の際に動画や音声を再生する機能をもったプログラムであり，ポップアップは，画面に自動表示される新しいウインドウである。図7-16に，WebブラウザInternet Explorerでのセキュリティレベルを設定するセキュリティゾーンの画面を示す。

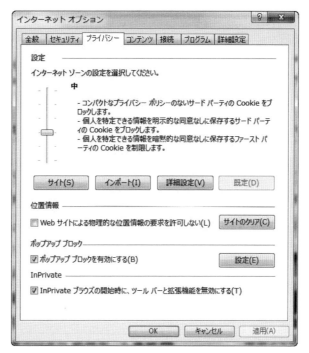

図7-16　Internet Explorerでのセキュリティゾーンの画面

●**OSやアプリケーションソフトウェアの脆弱性対応**

OSやWebブラウザ，電子メールソフトウェアなどのソフトウェア製品に欠陥があった場合，それを悪用して外部から不正なプログラムを実行されることがある。こうした脆弱性（セキュリティホール）には，通常，パッチなどの対応策が準備されるが，その準備前に攻撃プログラムが広まることもあり，短時間であっても脆弱性を放置しておくことは非常に危険である。そのため，常に脆弱性情報を収集して，早期に対応する。

第7章 情報セキュリティ

例題7-5

情報セキュリティに関する対策a～dのうち，ウイルスに感染することを防止するための対策として，適切なものだけをすべて挙げたものはどれか。

(平成26年度 春期 ITパスポート試験 問82 改変)

a　ウイルス対策ソフトの導入
b　セキュリティパッチ（修正モジュール）の適用
c　ハードディスクのパスワード設定
d　ファイルの暗号化

ア．a, b　　　イ．a, b, c　　　ウ．a, d　　　エ．b, c

解説 パスワード設定やファイルの暗号化は情報漏えい防止のためのものである。

解答 ア

---

(2) 認証技術

次に挙げるような，様々なユーザ認証（本人であることを確認すること）の方法が存在する。

本人のみ知りえる知識 ……………… パスワード，暗証番号
本人のみ持参しえる持ち物 ………… IDカード
本人の身体的特徴（生体情報）……… 指紋，声紋，虹彩，手のひら静脈

● ユーザIDとパスワード

ユーザIDとパスワードによる認証では，いくつかの注意すべき点がある。

・管理者から発行された初期パスワードは必ず変更する。
・推測されやすいもの（生年月日，電話番号，辞書に記載の単語など）は避ける。
・文字数を多く，かつ多種類の文字（英字，数字，記号）を混ぜて強度を高める。
・他人に絶対に教えない。
・定期的に変更する（盗まれた場合の被害を最小限（短期間）に食い止める効果がある）。
・同一のパスワードを使いまわさない。

> **パスワードに関する話題（出典：朝日新聞2014年2月8日）**
>
> 「ネット上で最も使われる危険なパスワードランキング」
>
> ①123456　②password　③12345678　④qwerty　⑤abc123
>
> ほかに，IDと同じ，電話番号，郵便番号，誕生日，自分の名前などが挙げられる。

● ワンタイムパスワード

ワンタイムパスワード（one-time password）は，その時点1回しか使えないパスワードを利用した認証の仕組みである。使い捨てのパスワードのため，仮に盗まれたとしても悪用されることがない。使い捨てのパスワードを生成する生成器（トークン）とその認証を行うサーバから構成される。

● ICチップが埋め込まれたIDカード利用による認証

社員証や学生証に広く利用されているICカードとICカードリーダを用いた認証方法である。

● バイオメトリクス認証

バイオメトリクス認証（biometric authentication：生体認証）は，指紋，顔（表情），虹彩，網膜，手のひら静脈，声紋などを用いた認証方法である。あらかじめ登録しておいた身体的特徴（生体情報）と，認証時に採取した生体情報とを照合することで認証する。一人ひとり異なる生体情報を用いた認証であるため，なりすましはほぼ不可能である。

(3) ネットワークのセキュリティ対策

ネットワークを安全に使用するために，次のような対策技術がある。

● ファイアウォール

ファイアウォール（firewall）は，組織内のLANと外部インターネットの間に構築される防火壁であり，外部からの有害データの侵入と，内部からの情報流出を防ぐ役割を果たす。実際には，ルータなどの通信機器がこの機能を担っている（図7-17参照）。

ファイアウォールの基本機能にパケットフィルタリングがある。パケットは，インターネット上で伝送されるデータの単位であり，各パケットのヘッダ情報には，送信元IPアドレス，送信先IPアドレスなどが記されている。パケットフィルタリングは，このヘッダ情報を基にファイアウォールを通過させるパケットと通過を認めないパケットを選別する機能である。

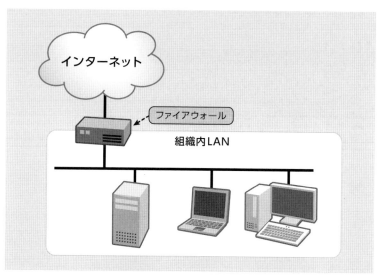

図7-17　ファイアウォール

● コンテンツフィルタリング

コンテンツフィルタリング（contents filtering）は，インターネットを通じて組織内に流入する情報（主にWebページの内容）を監視し，あらかじめ設定しておいた条件に合致したものを排除・遮断

する技術である。組織内から外部に送信される電子メール内に機密情報にあたる情報（キーワード）が含まれていないかをチェックする仕組みも存在する。

● 検疫ネットワーク

検疫ネットワーク（quarantine network）は，組織外から持ち込まれたコンピュータ（PCや携帯情報端末など）を接続し，それがウイルスなどに感染していないかどうか検査するために設けられた検査用ネットワークである。

● プロキシサーバ

プロキシサーバ（proxy server）は，クライアントに代わってインターネットにアクセスするものである。プロキシは代理の意味である。クライアントが外部のネットワークに直接接続しないで済むために，セキュリティ上の安全性が保たれる。また，有害なWebページへのアクセスを制限するなどのフィルタリング機能も備えており，ファイアウォールの役割を果たすこともできる。

また，キャッシュ機能を備えたものもある。一度アクセスしたWebページの情報を，キャッシュに保存しておき，クライアントから再度同じアクセス要求があった場合，キャッシュから情報を提供することで，表示速度の向上や通信量の軽減を図ることができる。

● DMZ

DMZ（DeMilitarized Zone：非武装地帯）は，組織内のネットワーク（LAN）と外部のネットワーク（インターネット）の中間に設置されたネットワークである（**図7-18**参照）。ここに公開用サーバを置いておき，インターネットとDMZ間のやり取りは許可するものの，DMZから内部のLAN（イントラネット）へのアクセスを禁じておく。そのため，万が一DMZ内の公開用サーバに不正侵入されたとしても，組織内のネットワークへの影響を防ぐことができる。

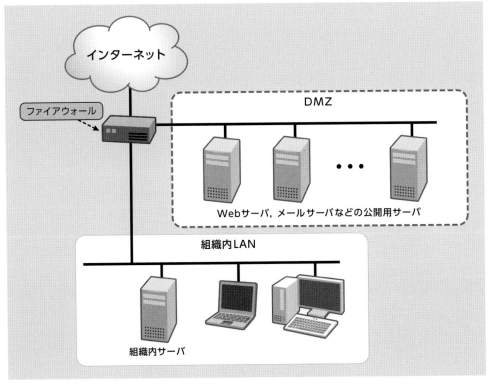

図7-18 DMZ

● **VPN**

VPN (Virtual Private Network：仮想プライベートネットワーク) は，インターネットなどの公共ネットワークにおいて，専用線のような環境で利用できるネットワークである。公共のネットワークを利用することで専用線利用よりも通信コストを抑えることができ，かつ認証システムや暗号化の通信手順などのセキュリティ対策を用いることで通信データの保護もできる。

● **ペネトレーションテスト**

ペネトレーションテスト (penetration test) は，通信ネットワークに接続されたコンピュータシステムに対し，既に知られている手法を用いて実際に侵入や攻撃を試みるテスト手法である。侵入テストともいう。コンピュータシステムの安全性を診断できる。

● **デジタルフォレンジック**

デジタルフォレンジック (digital forensics) は，デジタル機器（コンピュータ，サーバ，ネットワーク機器，スマホ，情報家電，など）を対象とした科学捜査や鑑識である。コンピュータフォレンジックともいう。

● **シングルサインオン**

シングルサインオン (single sign-on) は，1回の認証で，認証を必要とするサービスの複数を利用できるような認証形態である。

例題7-6

企業内ネットワークからも，外部ネットワークからも論理的に隔離されたネットワーク領域であり，そこに設置されたサーバが外部から不正アクセスを受けたとしても，企業内ネットワークには被害が及ばないようにするためのものはどれか。

(平成25年度 秋期 ITパスポート試験 問79改変)

ア．DMZ　　　　イ．DNS　　　　ウ．DoS　　　　エ．VPN

解説 DNS (Domain Name System) は，ドメイン名とIPアドレスを対応づけて変換する機能である。DoS (Denial of Service attack) は，標的としたサーバにインターネット経由で大量のデータを送信して過大な負荷をかけて，サーバのサービス提供を妨害する攻撃である。VPN (Virtual Private Network) は，機密の通信に向かないインターネットなどの公共ネットワークを，専用線のような環境で利用できるものである。

解答 ア

(4) 暗号化技術

暗号は，ネットワークを介してデータ通信を行う際，データが盗聴され漏えいしたとしても悪意のある第三者に通信内容がわからないようにするためのデータ変換技術である。暗号の基本的な仕組みを図7-19に示す。暗号化される前の元の文を平文（ひらぶん），暗号化されたものを暗号文，暗号文を元の文に戻すことを復号という。

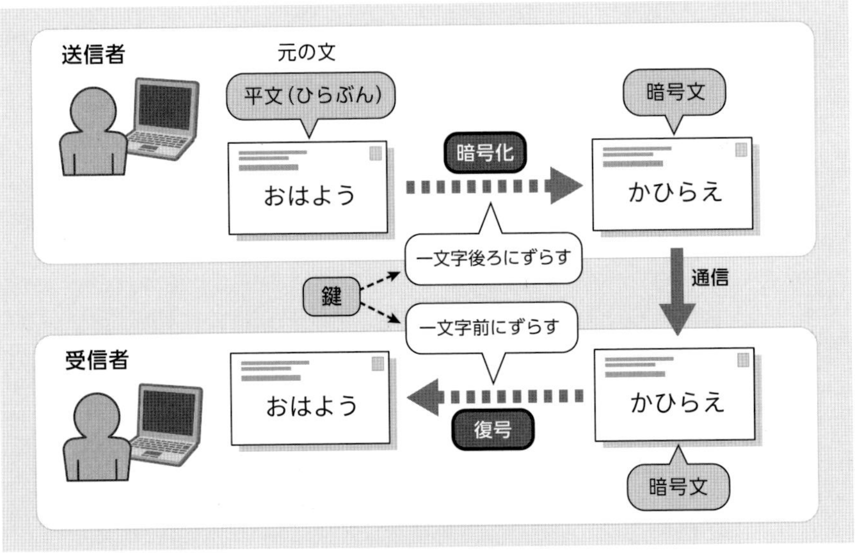

第7章 情報セキュリティ

図7-19 暗号の基本的な仕組み

現在使われている主な暗号技術は，暗号鍵の種類によって，共通鍵暗号方式と公開鍵暗号方式の2つに分けられる。

● **共通鍵暗号方式**

共通鍵暗号方式 (common key cryptography) は，情報をやり取りする2人だけの秘密の共通鍵を，暗号化と復号に使用する方式である（**図7-20** 参照）。第三者にこの共通鍵を渡してはならないため，いかに2者間で安全な経路によって鍵のやり取りをするかが問題になる。共通鍵は秘密にしておかなければならないため，秘密鍵暗号方式ともいう。

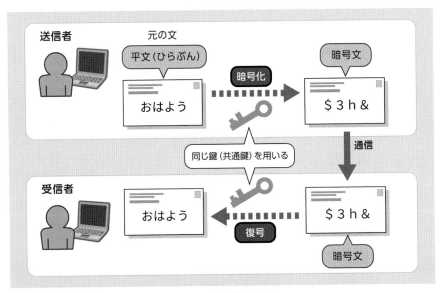

図7-20 共通鍵暗号方式

● **公開鍵暗号方式**

公開鍵暗号方式 (public key cryptography) は，ペアになった2種類の鍵（公開鍵と秘密鍵）を使用する方式である（**図7-21** 参照）。2種類の鍵はどちらも受信者が用意し，公開鍵は，送信者に送るか

公開鍵簿に登録しておき，秘密鍵は受信者自身が所持しておく。この方式では，暗号化と復号には別の鍵を使用し，一方の鍵で暗号化したものは，もう一方の鍵でないと復号できない。つまり，公開鍵で暗号化したものは，秘密鍵でないと復号できず，また逆に秘密鍵で暗号化したものは，公開鍵でないと復号できない。

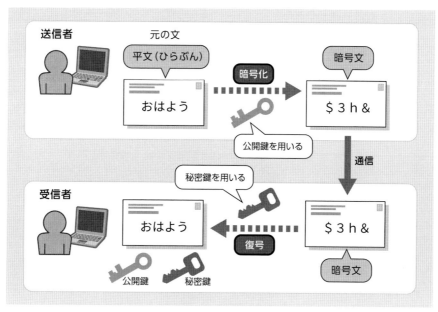

図7-21　公開鍵暗号方式

公開鍵はその名前のとおり，公開しても（誰に渡しても）全く差し支えないため，ネットワークを介してあらかじめ公開鍵を送信しておく（ネットワーク上で鍵を盗まれても問題は起こらない）。送信者は公開鍵を受け取り，この公開鍵で暗号化して送信し，受信者は自らの秘密鍵を用いて復号する（**図7-22**参照）。

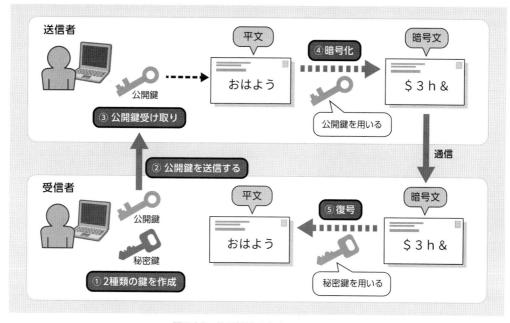

図7-22　公開鍵暗号方式による通信例

第7章 情報セキュリティ

例題7-7

データの送信側は受信者の公開鍵で暗号化し，受信側は自身の秘密鍵で復号することによって実現できる対策はどれか。
(平成21年度 秋期 ITパスポート試験 問74)

ア．送信者のなりすまし防止
イ．通信経路上でのデータの盗聴防止
ウ．通信経路上での伝送エラーの発生防止
エ．伝送経路上で改ざんされた部分のデータ復元

解説 本問は，公開鍵暗号方式による通信の例であり，これによりデータの盗聴を防止できる。

解答 イ

●認証局による公開鍵の認証

公開鍵暗号方式は，鍵の共有が不要な点で優れているものの，悪意のある者が本人になりすまして公開鍵を公開することも可能である。そのため，本人と公開鍵との結びつきを証明する第三者機関が必要となる。その機関が認証局（CA：Certificate Authority）である。

認証局は，証明を希望する申込者（公開鍵の所有者）からの要求に応じてデジタル証明書（電子証明書）を発行する。証明書には，所有者（登録者）名やメールアドレスなどの所有者情報，所有者の公開鍵，証明書番号，有効期限や認証局の秘密鍵で署名した認証局のデジタル署名などが含まれている（**図7-23**参照）。

公開鍵の利用者は，通信相手の電子証明書を入手して認証局のデジタル署名の検証を行い，公開鍵の正当性を確認できる。

認証局を利用して公開鍵暗号方式のセキュリティを実現する環境をPKI（Public Key Infrastructure：公開鍵基盤）という。

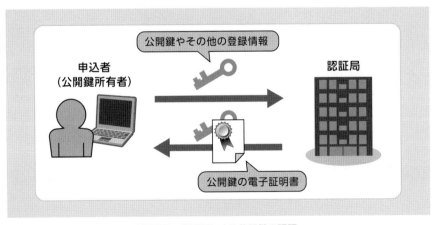

図7-23 認証局による公開鍵の認証

●デジタル署名

デジタル署名 (digital signature) は，間違いなく本人が作成した文書であることを証明するためのものである。電子署名ともいう。公開鍵暗号方式を用いている。

利用手順は，送信側で行う①~③と，受信側で行う④~⑥からなる (**図7-24**参照)。

① 送信する文書をハッシュ化してダイジェストという小さなデータを作成する。ここでハッシュ化とは，ハッシュ関数というプログラムに任意長のデータを入力して，そのデータ特有のダイジェスト（ハッシュ値，またはメッセージダイジェストともいう）を作成することである。ダイジェストから入力データの推測が困難であり，しかも異なる入力データから作成されたダイジェストが同じものになることがほとんどないため，例えば送信前と受信後のダイジェストを比較することで，入力データへの変更の有無を確認できる。

② ダイジェストを送信者の秘密鍵で暗号化してデジタル署名を作成する。

③ 文書にデジタル署名を添付して受信者へ送信する。

④ 受信したデータのうちの文書を，送信者が使用したものと同じハッシュ関数でハッシュ化してダイジェストを作成する。

⑤ 受信したデータのうちのデジタル署名を，送信者の公開鍵で復号する（送信者の公開鍵で復号ができれば，送信者自身の秘密鍵で暗号化されたことが確認できるため，なりすましではないことがわかる）。

⑥ ④と⑤でそれぞれ得られたダイジェストを比較する。2つのダイジェストが同じものであれば，文書の改ざんが行われていないことがわかる。

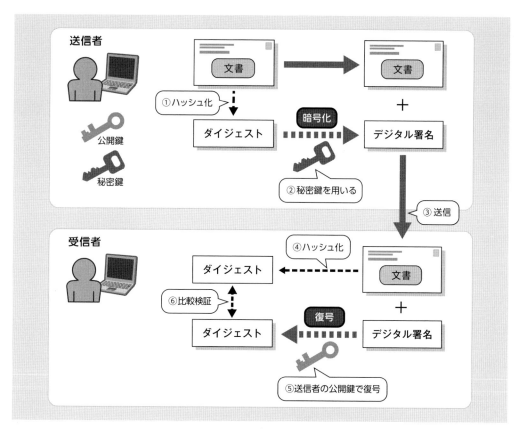

図7-24 デジタル署名

第7章 情報セキュリティ

例題7-8

デジタル署名に関する記述のうち，適切なものはどれか。

(平成21年度 春期 ITパスポート試験 問86)

ア．署名付き文書の公開鍵を秘匿できる。

イ．データの改ざんが検知できる。

ウ．データの盗聴が防止できる。

エ．文書に署名する自分の秘密鍵を圧縮して通信できる。

[解説] 公開鍵は秘匿しなくてもよく，秘密鍵は相手に通信するものではなく秘匿しておくものである。盗聴の防止は，署名ではなく暗号化による。

[解答] イ

● セッション鍵方式とSSL

セッション鍵方式は，共通鍵暗号方式と公開鍵暗号方式の利点を組み合わせたものであり，ハイブリッド暗号ともいう（図7-25参照）。

本文の暗号化/復号には，処理の高速な共通鍵暗号方式を用いて行う（このときに使用する共通鍵は送信者がその都度作成する一時的な使い捨ての鍵でセッション鍵という）。共通鍵（セッション鍵）を安全に送信するために，公開鍵暗号方式を用いる。セッション鍵方式はWebでの暗号方式であるSSL（Secure Sockets Layer）にも採用されている。

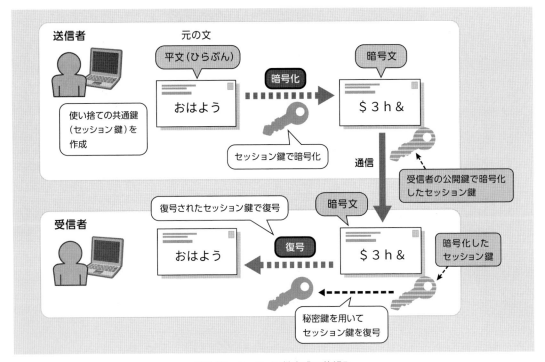

図7-25 セッション鍵方式の仕組み

7.5 情報セキュリティ対策

SSLは，クレジットカード情報などの機密情報を頻繁に扱うショッピングサイトで用いられている暗号の仕組みである。SSL利用の際には，WebブラウザのURL表示の「http://」が「https://」に変化し，鍵のアイコンが表示される。

ショッピングサイトのWebサーバの公開鍵の確認は，認証局（CA）の電子証明書を用いる。また共通鍵（セッション鍵）のやり取りには公開鍵暗号方式を用い，本人の情報のやり取りには共通鍵暗号方式を用いる（**図7-26**参照）。

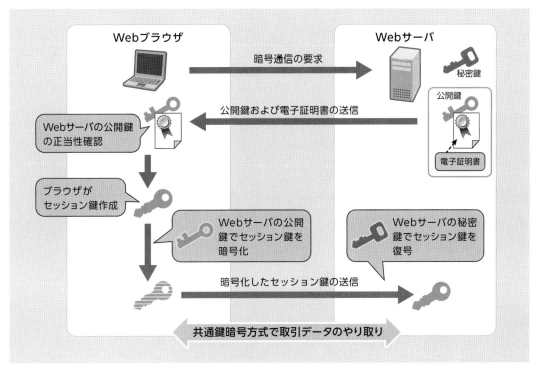

図7-26　SSLの仕組み

例題7-9

PCのブラウザでURLが"https://"で始まるサイトを閲覧したときの通信の暗号化に関する記述のうち，適切なものはどれか。　　　　　　　　　　　　（平成27年度 春期 ITパスポート試験 問83）

ア．PCからWebサーバへの通信だけが暗号化される。

イ．WebサーバからPCへの通信だけが暗号化される。

ウ．WebサーバとPC間の双方向の通信が暗号化される。

エ．どちらの方向の通信が暗号化されるのかは，Webサーバの設定による。

解説　SSL利用の際には，WebサーバとPC間の双方向の通信が暗号化される。

解答　ウ

(5) その他の身近なセキュリティ技術

●キャプチャ

キャプチャ（CAPTCHA：Completely Automated Public Turing test to tell Computers and Humans Apart）は，コンピュータには判読が困難なゆがんだ文字や数字の画像を利用者に読み取らせた後に，同じものを入力できるか否かをチェックして，その利用者が人間であるかを判断する仕組みである（図7-27参照）。電子掲示板やブログなどへのプログラムによる自動書き込みを防ぐことが目的である。

図7-27　キャプチャ（Wikimedia Commons「CAPTCHA」より）

●電子透かし

電子透かし（digital watermark）は，著者権にかかわる情報を人間の視覚や聴覚で識別できない形式で，画像，動画，音楽などのデジタルコンテンツに埋め込むものである。不正コピーや改ざんなどの防止が目的である。

●電子メールのS/MIME

S/MIME（Secure / Multipurpose Internet Mail Extensions：エスマイム）は，MIMEを情報セキュリティのために拡張した仕組みである。電子メール本文の暗号化と，デジタル署名を添付できる。

メール本文の暗号化とデジタル署名には使い捨ての共通鍵（セッション鍵）を用いる。セッション鍵を受信者の公開鍵で暗号化して送信し，受信者は自分の秘密鍵で復号する（図7-28参照）。

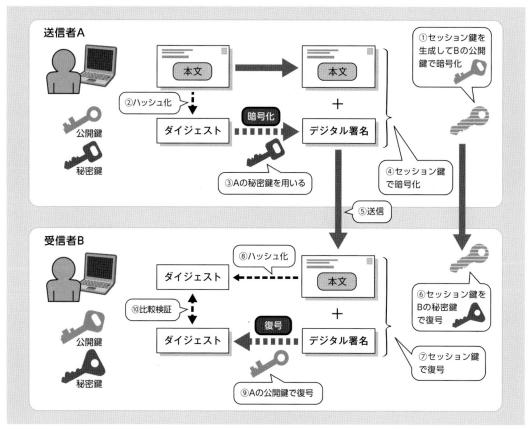

図7-28　電子メールのS/MIME

● **チャレンジレスポンス**

チャレンジレスポンス（challenge and response）は，サーバとクライアント間での認証に使われる技術である。パスワードそのものを送信しない認証であり，盗聴などでの漏えいリスクを減らすことができる。具体的な手順は次の通りである。

① クライアントが接続要求する
② サーバがチャレンジ（乱数）を返信する
③ クライアントは，パスワードとチャレンジからレスポンスを作成し，サーバに送信する
④ サーバも同様にレスポンスを作成し，クライアントから送信されたレスポンスと比較する
⑤ レスポンスが一致したならば認証する

ネットワーク上でやり取りされるのはレスポンスのみであり，仮にレスポンスが盗聴されても，パスワードが推測されることはない。

7.5.3 物理的セキュリティ対策

物理的脅威に対する物理的セキュリティ対策に，以下のものがある。

(1) 防災対策

瞬断（瞬間的な電源電圧の低下）や停電対策に，無停電電源装置（UPS：Uninterruptible Power Supply）の導入がある。さらに大規模システムの長時間停電対応には，自家発電装置の設置などが必要となる。

火災対策として，消火設備を設置する。

地震対策として，施設の耐震構造工事，免震床の導入などがある。

また，遠隔地におけるデータのバックアップ保管がある

(2) 不正侵入者による物理的破壊，運用妨害行為対策

IDカードや生体認証を用いた厳重な入退室管理や，監視カメラの設置，施錠管理などがある。

第7章 演習問題

7.1 a～cは情報セキュリティ事故の説明である。a～cに直接関連する情報セキュリティの三大要素の組合せとして，適切なものはどれか。

（平成24年度 秋期 ITパスポート試験 問83）

a. 営業情報の検索システムが停止し，目的とする情報にアクセスすることができなかった。
b. 重要な顧客情報が，競合他社へ漏れた。
c. 新製品の設計情報が，改ざんされていた。

	a	b	c
ア	可用性	完全性	機密性
イ	可用性	機密性	完全性
ウ	完全性	可用性	機密性
エ	完全性	機密性	可用性

7.2 システムで利用するハードディスクをRAIDのミラーリング構成にすることによって，高めることができる情報セキュリティの要素はどれか。

（平成26年度 春期 ITパスポート試験 問84）

ア．可用性　　イ．機密性　　ウ．真正性　　エ．責任追跡性

7.3 リスクマネジメントに含まれる4つのプロセスであるリスク対応，リスク特定，リスク評価，リスク分析を実施する順番として，適切なものはどれか。

（平成25年度 秋期 ITパスポート試験 問56 改変）

ア．リスク特定 → リスク評価 → リスク分析 → リスク対応
イ．リスク特定 → リスク分析 → リスク評価 → リスク対応
ウ．リスク評価 → リスク特定 → リスク分析 → リスク対応
エ．リスク分析 → リスク特定 → リスク対応 → リスク評価

7.4 情報セキュリティのリスクアセスメントにおける，資産価値，脅威，脆弱性およびリスクの大きさの関係として，適切なものはどれか。

（平成26年度 春期 ITパスポート試験 問72 改変）

ア．脅威の大きさは，資産価値，脆弱性およびリスクの大きさによって決まる。
イ．資産価値の大きさは，脅威，脆弱性およびリスクの大きさによって決まる。
ウ．脆弱性の大きさは，資産価値，脅威およびリスクの大きさによって決まる。
エ．リスクの大きさは，資産価値，脅威および脆弱性の大きさによって決まる。

7.5 ISMSにおけるセキュリティリスクへの対応には，リスク移転，リスク回避，リスク受容およびリスク低減がある。リスク回避に該当する事例はどれか。

（平成27年度 春期 ITパスポート試験 問53 改変）

ア．セキュリティ対策を行って，問題発生の可能性を下げた。

イ．問題発生時の損害に備えて，保険に入った。

ウ．リスクが小さいことを確認し，問題発生時は損害を負担することにした。

エ．リスクの大きいサービスから撤退した。

7.6 ISMSを運用している組織において，退職者が利用していたIDを月末にまとめて削除していたことについて，監査で指摘を受けた。これを是正して退職の都度削除するように改めるのは，ISMSのPDCAサイクルのどれに該当するか。

（平成25年度 秋期 ITパスポート試験 問57）

ア．P　　イ．D　　ウ．C　　エ．A

7.7 情報セキュリティ基本方針，または情報セキュリティ基本方針と情報セキュリティ対策基準で構成されており，企業や組織の情報セキュリティに関する取組みを包括的に規定した文書として，最も適切なものはどれか。

（平成27年度 春期 ITパスポート試験 問47 改変）

ア．情報セキュリティポリシ

イ．情報セキュリティマネジメントシステム

ウ．ソーシャルエンジニアリング

エ．リスクアセスメント

7.8 ソーシャルエンジニアリングによる被害に結びつきやすい状況はどれか。

（平成27年度 春期 ITパスポート試験 問69）

ア．運用担当者のセキュリティ意識が低い。

イ．サーバ室の天井の防水対策が行われていない。

ウ．サーバへのアクセス制御が行われていない。

エ．通信経路が暗号化されていない。

第7章 情報セキュリティ

7.9 マルウェアに関する説明a～cとマルウェアの分類の適切な組合せはどれか。

(平成26年度 春期 ITパスポート試験 問61)

a. 感染したコンピュータが、外部からの指令によって、特定サイトへの一斉攻撃、スパムメールの発信などを行う。

b. キーロガーなどで記録された利用者に関する情報を収集する。

c. コンピュータシステムに外部から不正にログインするために仕掛けられた侵入路である。

	a	b	c
ア	スパイウェア	トロイの木馬	バックドア
イ	スパイウェア	バックドア	トロイの木馬
ウ	ボット	スパイウェア	バックドア
エ	ボット	トロイの木馬	スパイウェア

7.10 不正プログラムの一種であるトロイの木馬の特徴はどれか。

(平成24年度 春期 ITパスポート試験 問54)

ア．アプリケーションソフトのマクロ機能を利用してデータファイルに感染する。

イ．新種ウイルスの警告メッセージなどの偽りのウイルス情報をチェーンメールで流す。

ウ．ネットワークを利用して、他のコンピュータに自分自身のコピーを送り込んで自己増殖する。

エ．有用なソフトウェアに見せかけて配布された後、システムの破壊や個人情報の詐取など悪意ある動作をする。

7.11 スパイウェアが目的としている動作の説明として、最も適切なものはどれか。

(平成27年度 春期 ITパスポート試験 問66 改変)

ア．OSやソフトウェアの動作を不安定にする。

イ．ファイルシステム上から勝手にファイルを削除する。

ウ．ブラウザをハイジャックして特定の動作を強制する。

エ．利用者に気づかれないように個人情報などを収集する。

7.12 サーバに対するDoS攻撃のねらいはどれか。

(平成21年度 春期 ITパスポート試験 問68)

ア．サーバ管理者の権限を奪取する。

イ．サービスを妨害する。

ウ．データを改ざんする。

エ．データを盗む。

7.13 a〜cのうち，フィッシングへの対策として，適切なものだけをすべて挙げたものはどれか。

（平成24年度 春期 ITパスポート試験 問66 改変）

a. Webサイトなどで，個人情報を入力する場合は，SSL接続であること，およびサーバ証明書が正当であることを確認する。

b. キャッシュカード番号や暗証番号などの送信を促す電子メールが届いた場合は，それが取引銀行など信頼できる相手からのものであっても，念のため，複数の手段を用いて真偽を確認する。

c. 電子商取引サイトのログインパスワードには十分な長さと複雑性をもたせる。

ア．a, b　　　　イ．a, b, c　　　　ウ．a, c　　　　エ．b, c

7.14 クロスサイトスクリプティングに関する記述として，適切なものはどれか。

（平成27年度 春期 ITパスポート試験 問84）

ア．Webサイトの運営者が意図しないスクリプトを含むデータであっても，利用者のブラウザに送ってしまう脆弱性（ぜいじゃくせい）を利用する。

イ．Webページの入力項目にOSの操作コマンドを埋め込んでWebサーバに送信し，サーバを不正に操作する。

ウ．複数のWebサイトに対して，ログインIDとパスワードを同じものに設定するという利用者の習性を悪用する。

エ．利用者に有用なソフトウェアと見せかけて，悪意のあるソフトウェアをインストールさせ，利用者のコンピュータに侵入する。

7.15 情報セキュリティにおける脅威であるバッファオーバーフローの説明として，適切なものはどれか。

（平成26年度 秋期 ITパスポート試験 問59）

ア．特定のサーバに大量の接続要求を送り続けて，サーバが他の接続要求を受け付けることを妨害する。

イ．特定のメールアドレスに大量の電子メールを送り，利用者のメールボックスを満杯にすることで新たな電子メールを受信できなくする。

ウ．ネットワークを流れるパスワードを盗聴し，それを利用して不正にアクセスする。

エ．プログラムが用意している入力用のデータ領域を超えるサイズのデータを入力することで，想定外の動作をさせる。

第7章 情報セキュリティ

7.16 PCにおける有害なソフトウェアへの情報セキュリティ対策として，適切なものはどれか。
（平成27年度 春期 ITパスポート試験 問68）

ア．64ビットOSを使用する。
イ．ウイルス定義ファイルは常に最新に保つ。
ウ．定期的にハードディスクをデフラグする。
エ．ファイルは圧縮して保存する。

7.17 4文字のパスワードに関して，0～9の数字だけを使用した場合に比べ，0～9の数字の他にa～fの英小文字6文字も使用できるようにした場合は，組合せの数はおよそ何倍になるか。
（平成24年度 秋期 ITパスポート試験 問78）

ア．1.6　　イ．6.6　　ウ．8.7　　エ．16.0

7.18 ワンタイムパスワードを用いることによって防げることはどれか。
（平成27年度 春期 ITパスポート試験 問61）

ア．通信経路上におけるパスワードの盗聴
イ．不正侵入された場合の機密ファイルの改ざん
ウ．不正プログラムによるウイルス感染
エ．漏えいしたパスワードによる不正侵入

7.19 バイオメトリクス認証はどれか。
（平成21年度 春期 ITパスポート試験 問63）

ア．個人の指紋や虹彩（こうさい）などの特徴に基づく認証
イ．個人の知識に基づく認証
ウ．個人のパターン認識能力に基づく認証
エ．個人の問題解決能力に基づく認証

7.20 ある認証システムでは虹彩認証とパスワード認証を併用しており，認証手順は次のとおりである。この認証システムの特徴として，適切なものはどれか。
（平成27年度 春期 ITパスポート試験 問54）

［認証手順］
① 虹彩認証に成功するとログインできる。
② 虹彩認証に3回失敗するとパスワードの入力を求める。
③ 正しいパスワードを入力することでログインできる。
④ パスワード認証に3回失敗するとアカウントがロックアウトされる。

ア．虹彩認証と併用しているので，パスワードの定期的な変更を行わなくても安全である。

イ．体調の変化などによって虹彩認証が失敗しても，パスワードを入力することでログインができるので，利便性が高い。

ウ．本人固有の生体情報も認証に使用するので，パスワード認証だけに比べて認証の強度が高い。

エ．万が一，虹彩認証で他人を本人と識別してしまっても，パスワード認証によってチェックすることができるので，認証の強度が高い。

7.21 認証技術を，所有物による認証，身体的特徴による認証および知識による認証の3つに分類したとき，分類と実現例①～③の適切な組合せはどれか。

(平成26年度 秋期 ITパスポート試験 問60 改変)

① ICカードを用いた認証
② ID，パスワードによる認証
③ 指紋による認証

	①	②	③
ア	所有物による認証	身体的特徴による認証	知識による認証
イ	所有物による認証	知識による認証	身体的特徴による認証
ウ	知識による認証	所有物による認証	身体的特徴による認証
エ	知識による認証	身体的特徴による認証	所有物による認証

7.22 情報セキュリティ対策に関する記述a～cのうち，通信内容を暗号化することによって実現できることだけをすべて挙げたものはどれか。

(平成25年度 秋期 ITパスポート試験 問72 改変)

a．通信途中に改ざんされたデータを復旧する。
b．通信内容を第三者に知られないようにする。
c．盗聴された場合に，盗聴した者を特定する。

ア．a　　　　イ．a, b　　　　ウ．a, c　　　　エ．b

7.23 共通鍵暗号方式の説明として，適切なものはどれか。

(平成27年度 春期 ITパスポート試験 問73 改変)

ア．暗号化以外に，デジタル署名にも利用される。
イ．公開鍵暗号方式に比べて，復号速度は一般的に遅い。
ウ．代表的な方式として，RSA方式がある。
エ．通信相手ごとに異なる共通鍵が必要である。

第7章 情報セキュリティ

7.24 共通鍵暗号方式では通信の組合せごとに鍵が1個必要となる。例えばA～Dの4人が相互に通信を行う場合は，AB，AC，AD，BC，BD，CDの組合せの6個の鍵が必要である。8人が相互に通信を行うためには何個の鍵が必要か。

(平成25年度 春期 ITパスポート試験 問76)

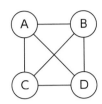

ア．12　　　イ．16　　　ウ．28　　　エ．32

7.24の類題 7.24の8人を10人にしたとき，10人が相互に通信を行うためには何個の鍵が必要か。

(平成22年度 春期 ITパスポート試験 問70)

ア．15　　　イ．20　　　ウ．45　　　エ．50

7.25 暗号化通信で使用する鍵a～cのうち，セキュリティ上，第三者に知られてはいけないものだけをすべて挙げたものはどれか。

(平成26年度 秋期 ITパスポート試験 問77 改変)

a．共通鍵暗号方式の共通鍵
b．公開鍵暗号方式の公開鍵
c．公開鍵暗号方式の秘密鍵

ア．a, b　　　イ．a, c　　　ウ．b, c　　　エ．c

7.26 PKI (公開鍵基盤) における電子証明書に関する記述のうち，適切なものはどれか。

(平成26年度 秋期 ITパスポート試験 問55 改変)

ア．通信内容の改ざんがあった場合，電子証明書を発行した認証局で検知する。
イ．電子メールに電子証明書を付与した場合，送信者が電子メールの送達記録を認証局に問い合わせることができる。
ウ．電子メールの送信者が公開鍵の所有者であることを，電子証明書を発行した認証局が保証することによって，なりすましを検出可能とする。
エ．認証局から電子証明書の発行を受けた送信者が，電子メールにデジタル署名を付与すると，認証局がその電子メールの控えを保持する。

7.27 Webの通信で使用されるHTTPSに関する説明のうち，適切なものはどれか。

（平成25年度 秋期 ITパスポート試験 問73）

ア．HTTPによる通信を二重化して可用性を高めるためのプロトコルである。
イ．HTTPよりも通信手順を簡略化するためのプロトコルである。
ウ．SSLを使って通信内容を暗号化するためのプロトコルである。
エ．Webを使った商取引の成立を保証するためのプロトコルである。

7.28 SSLに関する記述のうち，適切なものはどれか。

（平成23年度 秋期 ITパスポート試験 問71）

ア．Webサイトを運営している事業者がプライバシーマークを取得していることを保証する。
イ．サーバのなりすましを防ぐために，公的認証機関が通信を中継する。
ウ．通信の暗号化を行うことによって，通信経路上での通信内容の漏えいを防ぐ。
エ．通信の途中でデータが改ざんされたとき，元のデータに復元する。

7.29 AさんがBさんに署名付きメールを送信したい。S/MIME (Secure/Multipurpose Internet Mail Extensions) を利用して署名付きメールを送信する場合の条件のうち，適切なものはどれか。

（平成25年度 秋期 ITパスポート試験 問60）

ア．Aさん，Bさんともに，あらかじめ，自身の公開鍵証明書の発行を受けておく必要がある。
イ．Aさん，Bさんともに，同一のISP (Internet Service Provider) に属している必要がある。
ウ．Aさんが属しているISPがS/MIMEに対応している必要がある。
エ．Aさんはあらかじめ，自身の公開鍵証明書の発行を受けておく必要があるが，Bさんはその必要はない。

7.30 物理的セキュリティ対策の不備が原因となって発生するインシデントの例として，最も適切なものはどれか。

（平成26年度 秋期 ITパスポート試験 問80）

ア．DoS攻撃を受け，サーバが停止する。
イ．PCがコンピュータウイルスに感染し，情報が漏えいする。
ウ．社員の誤操作によって，PC内のデータが消去される。
エ．第三者がサーバ室に侵入し，データを盗み出す。

参考文献

(1) 日経パソコン編:『日経パソコン　デジタル・IT用語事典』, 日経BP社 (2012)
(2) ポール・E・セルージ著, 山形浩生訳:『コンピュータって　機械式計算機からスマホまで』, 東洋経済新報社 (2013)
(3) 星野力:『誰がどうやってコンピュータを創ったのか？』, 共立出版 (1995)
(4) 横山保:『コンピュータの歴史　先覚者たち：その光と影の軌跡』, 中央経済社 (1995)
(5) チャールズ＆レイ・イームズ著, 和田英一監訳, 山本敦子訳:『コンピュータ・パースペクティブ　計算機創造の軌跡』, 筑摩書房 (2011)
(6) 竹内伸:『実物でたどるコンピュータの歴史〜石ころからリンゴへ〜』, 東京書籍 (2012)
(7) 坪井俊ほか:『数学A』, 数研出版 (2011)
(8) 大島利雄ほか:『数学Ⅰ』, 数研出版 (2011)
(9) 阿部武彦, 木村春彦:『初歩のデータベース論』, 共立出版 (2007)
(10) 相田洋, 矢吹寿秀:『新・電子立国6　コンピュータ地球網』, 日本放送出版協会 (1997)
(11) アイテック教育研究開発部編著:『コンピュータシステムの基礎　第16版』, アイテック (2013)
(12) 独立行政法人情報処理推進機構:『情報セキュリティ読本　三訂版－IT時代の危機管理入門－』, 実教出版 (2009)
(13) 相戸浩志:『情報セキュリティの基本と仕組み [第3版]』, 秀和システム (2010)
(14) 独立行政法人情報処理推進機構　IT人材育成本部情報処理技術者試験センター:『ITパスポート試験シラバス　Ver.3.0』, 独立行政法人情報処理推進機構 (2015)

演習問題の解答

第1章

1.1 ④ 真空管 → ② トランジスタ → ③ IC → ① LSI → ⑤ VLSI の順である。

1.2 ① ウ　② ア, オ　③ イ, エ

①のトランジスタはショックレー，②のICはノイスとキルビー，③のマイクロプロセッサはホフと嶋によって発明された。

1.3 ① ウ　② エ　③ イ　④ ア

1.4 エ

チューリングは，仮想論理機械（チューリングマシン）の理論を発表し，これが今日のコンピュータの理論的原型となった。

1.5 ①　イ, ク　②　ア, キ　③　エ, オ　④　ウ, カ

①のIntelはエドワード・ホフやゴードン・ムーアらによって設立された。②のIBMの前身であるタビュレーティングマシン社を設立したのがハーマン・ホレリスであり，その後1924年にIBMと社名変更したときに社長だったのがトーマス・ジョン・ワトソンである。③のAppleはスティーブ・ジョブズやスティーブ・ウォズニアックらによって設立された。④のMicrosoftは，ポール・アレンとビル・ゲイツによって設立された。

第2章

2.1　(ア) $10101010_{(2)}$　(イ) $252_{(8)}$　(ウ) $AA_{(16)}$

(エ) $0.875_{(10)}$　(オ) $0.7_{(8)}$　(カ) $0.E_{(16)}$

(キ) $85.75_{(10)}$　(ク) $1010101.11_{(2)}$　(ケ) $55.C_{(16)}$

(コ) $250_{(10)}$　(サ) $11111010_{(2)}$　(シ) $372_{(8)}$

2.2 ウ

いろいろな求め方がある。最も単純な方法は，2進数10110を3回足す。あるいは問題文どおりに2進数の$11_{(2)}$（= 10進数の3）を10110に掛ける。

さらに，2進数10110を2倍したものに10110を足してもよい。ある2進数を2倍するには左に1桁ずらすシフト演算を行う。2進数10110に対して左に1桁ずらすシフト演算を行うと101100となり，これに10110を足せば3倍したことになる。

2.3 ア

8進数の55は，2進数の101101となり，これを右の桁から4桁ずつ区切り（0010　1101），それぞれ16進数の数字に置き換えると$2D_{(16)}$となる（10進数の45）。

2.4 ウ

16進数のA3を10進数に変換するには，$16 \times 10 + 3$を計算する（= 163）。

2.5 エ
2進数の1.101を10進数に変換するには，$1 + 0.5 + 0.125$を計算する（$= 1.625$）。

2.6 エ
10進数の0.5を2進数に変換すると$0.1_{(2)}$となる。
2進数の有限小数を10進数に変換した場合，結果は必ず有限小数になるのに対して，10進数の有限小数を2進数に変換しても有限小数になるとは限らない。例えば，本問の選択肢アの10進数の0.1を2進数に変換すると，$0.000110011001\cdots_{(2)}$のように無限小数になる。

2.7 イ
計算$131 - 45 = 53$がn進法で成り立つとすると，次のように立式できるので，これを解けばよい。
$n^2 \times 1 + n^1 \times 3 + n^0 \times 1 - (n^1 \times 4 + n^0 \times 5) = n^1 \times 5 + n^0 \times 3$
$n^2 - 6n - 7 = 0$
$(n - 7)(n + 1) = 0$　∴ $n = 7, -1$となり，n進法のnは2以上の整数であるから7となる。

2.8 17
5進数の32を10進数に変換するには，$5^1 \times 3 + 5^0 \times 2$を計算する（$= 17$）。

2.9 ウ
■■□□□は，■□□□□と□■□□□が足されたものと考える。
■□□□□＝■□□□■ − □□□□■＝21 − 5 ＝16
□■□□□＝□■□□■ − □□□□■＝10 − 2 ＝8
したがって，■■□□□＝■□□□□ ＋ □■□□□ ＝16 ＋ 8 ＝24となる。

2.10 エ
Dさんの属性情報が未登録のため，条件(3)が適用されてDさんの属性情報は人事部グループの属性情報110となる。したがって，人事ファイルを参照可能な人は，Aさん，Bさん，Dさんの3名で，更新可能な人は，BさんとDさんの2名となる。

2.11 ウかエ
"甘味"と"酸味"を組み合わせて"甘酸っぱい"という複合味の符号を，それぞれの数値を加算して表現しようとした場合，アの符号では甘味（000000）＋酸味（000011）＝000011となり，これでは"甘酸っぱい"と"酸味"の区別がつかないため不適である。
さらにイの符号では甘味（000001）＋酸味（000100）＝000101となり，これでは"甘酸っぱい"と"苦味"の区別がつかないため不適である。
このように考えた場合，ウかエならば条件を満たす符号として適切である。

2.12 ア
k（キロ）＜M（メガ）＜G（ギガ）＜T（テラ）の大小関係となる。

2.13 エ
2バイトは16ビットなので2^{16}通り（＝65536通り）の文字を表すことができる。

2.14 イ

2.15 イ

第3章

3.1 イ

アはマイクロコンピュータ，ウはシンクライアント，エはPDA (Personal Digital Assistant) の説明である。

3.2 ア

バスは，各装置間でデータをやり取りするための信号線である。

3.3 イ

3.4 イ

フラッシュメモリの記憶内容は，電源を切っても消えない。

3.5 ア

SSDは，振動や衝撃に強い，消費電力が少ない，読み書きが速いといった利点があるが，ハードディスクに比べると小容量で割高であり，書き込み回数に上限があるなどの欠点がある。

3.6 ウ

不揮発性の記憶媒体は，DVD，磁気ディスク，フラッシュメモリである。これらは電源を切っても記憶内容が保持される。

3.7 エ

CD-Rでは，データ書き込みのために光を使用している。

3.8 ウ

1ページ当たり日本語700文字の1ページを記録するためには，700×2バイト＝1400バイトが必要となる。
約4.7Gバイトの記憶容量をもつDVD-Rにこれを記録した場合，記録できるページ数は，4.7Gバイト÷1400バイト／ページ＝4.7×10^9÷1400≒336×10^4＝336万ページとなる。

3.9 ウ

データの読み書きが高速な順に並べると，レジスタ＞主記憶＞補助記憶となる。

3.10 エ

データが連続した領域に保存されなくなることをフラグメンテーション（断片化）という。フラグメンテーションが発生すると，シーク時間やサーチ時間が余分にかかってしまい，保存したデータの読み取りが遅くなる。そこで，ファイルを連続したトラック・セクタに再配置するデフラグメンテーション（デフラグ）をするとよい。

3.11 ア

RAIDには，データの読み書きの高速性を高めるRAID0や，耐故障性を高めるRAID1やRAID5などがある。

3.12 ア

RAID1（ミラーリング）は同じデータを複数の場所に書き込むことで，データの可用性を高めるものである。イはJBOD (Just a Bunch Of Disks)，ウはRAID0（ストライピング），エはRAID5の説明である。

演習問題の解答

3.13 ア

ミラーリングする方式では，正副のディスクに同一のデータを保存するため，記録できる情報量は半減 (0.5倍) する。

3.14 エ

同じ構造をもつCPUであれば，クロック周波数が高いものほど処理能力が速い。

3.15 ウ

クロック周波数2GHzは，1秒間に2Gクロック (2×10^9クロック) 発振することを意味する。そのため，次の比例式が成り立つ。

  1秒：2×10^9クロック　=　x秒：5クロック

これをxで解くと，$x = 5 \div (2 \times 10^9) = 2.5 \times 10^{-9} = 2.5$ナノ秒

3.16 エ

アは「各プロセッサで同時に同じ処理を実行する」の記述が誤り。マルチコアプロセッサでは，各プロセッサで処理を分担して処理効率を高める。イは，クアッドコアプロセッサはデュアルコアプロセッサの約2倍の処理能力をもつ。ウは，オーバークロックの説明である。

3.17 イ

印刷時にカーボン紙やノンカーボン紙を使って同時に複写が取れることが，インパクトプリンタの利点である。

3.18 ウ

3.19 イ

USBは，PCと周辺機器を接続するためのシリアル (直列) バス規格である。
アのバスパワーは，PCから周辺機器にUSBケーブルを通して電源供給することである。ウのプラグアンドプレイは，問題3.18を参照のこと。エのホットプラグは，電源が入ったままでUSB機器の脱着ができるものである。

3.20 ア

Bluetoothは，PCと周辺機器などを無線で接続するインタフェースの規格である。
イのIEEE1394はPCと周辺機器をケーブルで接続するためのシリアルインタフェースの規格，ウのPCIはコンピュータ内部のプロセッサと周辺機器とで通信を行うためのバスアーキテクチャ，エのUSB2.0はPCと周辺機器を接続するためのシリアル (直列) バス規格である。

3.21 エ

アはデュプレックスシステム，イは水平分散の分散処理システム，ウは垂直分散の分散処理システムの説明である。

3.22 ウ

アはクラウドコンピューティング，イはデュアルシステム，エはコールドスタンバイの説明である。

3.23 ア

シンクライアントは，データの入力や表示などの最小限の機能だけを備えたクライアント専用コンピュータであり，機能が限定された端末である。そのため，端末内にデータが残らない。

3.24 イ

3.25 エ

3.26 エ

MTBF = (5000 − 2000) ÷ 20 = 150
(故障が20回あり，正常に稼働していた時間が5000 − 2000 = 3000時間のため)
MTTR = 2000 ÷ 20 = 100
(故障が20回あり，その合計時間が2000時間のため)
稼働率 = (5000 − 2000) ÷ 5000 = 0.6
(稼働率は，MTBF ÷ (MTBF + MTTR) = 150 ÷ (150 + 100) = 150 ÷ 250でも計算可)

3.27 ウ

アはフェールセーフ，イはフォールトアボイダンス，エはフールプルーフの説明である。

第4章

4.1 ア

BIOS，OS，常駐アプリケーションプログラムの順に実行される。

4.2 イ

アは，OSが異なっていれば，OSとアプリケーションプログラム間のインタフェースは異なっているため，OSに応じたアプリケーションプログラムの開発が必要になるので誤り。ウは，OSはファイルの文字コードを自動変換する機能をもたないので誤り。エは，OSには，ソースコードの公開が義務づけられていないので誤り。

4.3 ア

PC起動時に，複数のOSから選択できる仕組みをマルチブートという。2つから選ぶ場合はデュアルブートである。イは，OSの機能はPCの起動後も必要であるため誤り。ウは，グラフィカルなインタフェースをもたないOSもあるため誤り。エは，OSをハードディスクドライブ以外から起動する仕組み (外部ブート) があるため誤り。外部ブートでは，USBメモリやファイルサーバなどから起動できる。

4.4 エ

起動するためのシステムファイルが書き込まれた外部媒体を起動ディスクという。アは，マルチブートがあるため誤り。イは，WindowsやMacOSなどで64ビット版が開発されているので誤り。ウは，新バージョンのOSは上位互換 (機能や性能面で上位に位置する製品が，既存の下位製品との互換性を備えること) で提供されるため，基本的には旧バージョンのOS環境で動作していたすべてのアプリケーションソフトは動作すると考えてよいため誤り。

4.5 ア

イのカレントディレクトリは現在作業中のディレクトリであり，常に階層構造の最上位を示すものではない。ウは，相対パス指定でもファイルの作成が可能である。エは，ファイルが1つも存在しないディレクトリでも作成が可能である。

4.6 エ

アはマルチコア，イはグリッドコンピューティング，ウはSIMD (Single Instruction Multiple Data) の説明である。

4.7 ウ

ファイルがA, B, C, D, B, A, E, A, B, Fの順で必要になった場合，机上の4冊のファイルは，以下のように変わっていく（左に記載されているファイルほど，参照されてからの経過時間が長いものとする）。

(はじめ) A → A, B → A, B, C → A, B, C, D → A, C, D, B → C, D, B, A → D, B, A, E → D, B, E, A → D(答), E, A, B → E, A, B, F (おわり)

最後に参照してから最も時間が経過しているファイルをしまう手法をLRU (Least Recently Used) 方式アルゴリズムという。

4.8 ウ

仮想記憶方式の目的は，主記憶の容量よりも大きなメモリを必要とするプログラムも実行できるようにすることである。
エは，キャッシュメモリの機能である。

4.9 エ

プルダウンメニューは，ドロップダウンメニューともいう。ウインドウのメニューバーのメニュー項目の詳細を選択させる場合などに用いられている。

4.10 ウ

下図のとおり，ジョブ4は，到着してからその処理が終了するまでに9秒を要する。

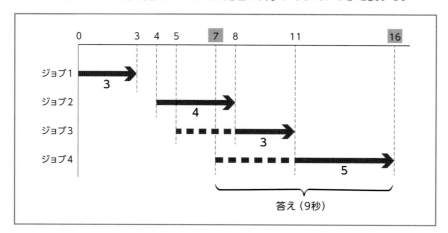

4.11 ウ

下図のとおり，ジョブ3の出力が完了するのは，ジョブ1の処理開始時点から100秒後である。

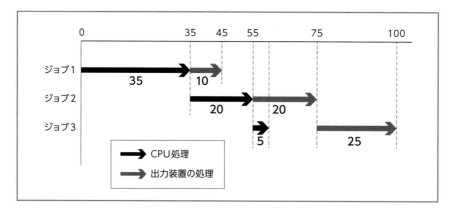

4.12 イ

コンパイラは機械語に翻訳された目的プログラムを作成するが，インタプリタは1命令ずつ逐次翻訳・実行するため，目的プログラムが作成されない。

4.13 イ

ソフトウェアパッケージを導入する目的は，開発コストの削減である。

4.14 エ

aはOSSではソースコードが入手されるようにしなければならないので誤り。bはOSSの配布にあたって，利用分野または使用者（個人やグループ）を制限してはいけないので誤り。

第5章

5.1 エ

一貫性は整合性ともいう。データベースの内容に矛盾がなく整合したものにするための機能に排他制御や障害回復などがある。

5.2 エ

関係データモデルは2次元の表でデータを表現するモデルである。

5.3 ウ

レコード（行）を一意に識別するための情報は主キーであり，表と表を関連づけるには特定のフィールド（属性）を使用する。

5.4 イ

5.5 ウ

和集合演算では，A表とB表で共通するレコードは1つになる（この場合は，商品コードP003とP007のレコード）。共通集合演算では，A表とB表に共通するレコードが取り出される。

5.6 イ

イの条件により，社員番号A0003（高橋二郎），A0005，A0006の3名が選択される。

5.7 イ

正規化により，「1事実1箇所（1 fact in 1 place）」を実現することで，同じデータが重複して記憶されることがなくなり，データの更新漏れによるデータの不一致（矛盾）を防止できる。

5.8 ウ

2つのリレーションの主キーは，それぞれ「受注番号」と「商品番号」である。

5.9 エ

A表を作成するには，"社員"表に「部署コード」と「都道府県コード」が必要である。

5.10 エ

排他制御の実現方法の1つにロックがある。

5.11 イ

時点(b)や(c)では，共有領域をロックした状態にしておく必要がある。

5.12 ウ

演習問題の解答

5.13 ウ

ログファイルはジャーナルともいい，データベースに対して行ったすべての操作の履歴が時系列に記憶されているファイルである。

第6章

6.1 ウ

②は，LANの構築には電気通信事業者との契約は特に必要ないため誤り。

6.2 エ

アはブロードバンド，イはクラウド，ウは無線LANについての説明である。

6.3 イ

アはDNS (Domain Name System)，ウはモデム，エはサーバの説明である。

6.4 エ

ポート番号により通信相手の機器のどのアプリケーションに対する通信なのかを特定できる。

6.5 ウ

ハブはスター型LANにおける集線装置である。

6.6 イ

ゲートウェイは，接続先のネットワークに合わせてプロトコルの変換ができるため，プロトコル体系の異なるネットワーク同士の接続を可能にする。

6.7 イ

6.8 イ

IPv4のアドレス体系が32ビットであるのに対し，IPv6では4倍の128ビットである。

6.9 ア

DHCP (Dynamic Host Configuration Protocol) は，インターネットに接続する機器に自動的にIPアドレスの割り当てを行うプロトコルである。使用状態でなくなったIPアドレスは，再び他の機器に割り当てられるためIPアドレス資源の有効活用が実現できる。
ウのNTP (Network Time Protocol) は，インターネットに接続されている機器内部の時計を正しい時刻へ同期するためのプロトコルである。身近なところではWindowsに，NTPを使って時刻を合わせる機能が備わっている。

6.10 イ

DNSは，人間が認識しやすい機器のホスト名と，2進数表記されたIPアドレスを対応させるシステムである。
アはWWW (World Wide Web)，ウはSSL (Secure Sockets Layer)，エはメールソフト（メーラー）に付属するアドレス帳の説明である。

6.11 エ

URLは，Uniform Resource Locaterの略である。
アはHTTP (Hyper Text Transfer Protocol)，イはRSSフィード，ウはHTML (Hyper Text Markup Language) の説明である。

6.12 イ

アのcookieは，Webページで氏名や住所，パスワードなどを入力した際に，これらの情報を書き込んだ自分のPC内に作成されるファイルである。このデータを用いることでサーバ側がアクセスしてきた者を認識するため，利用者は2度目以降に同様の情報の入力を省略できる。ウのCUI (Character User Interface)はキーボードで命令を入力しコンピュータを操作するインタフェース，エのSSLはネットワーク上のデータを暗号化する技術である。

6.13 ア

イはJavaScript，ウはHTTP，エはXMLの説明である。

6.14 エ

Webサイトの見出しや要約，更新情報がフィードであり，RSSリーダを用いることで，登録したWebサイトの情報を自動的に収集できる。

6.15 エ

アはHTTP，イはSNMP (Simple Network Management Protocol)など，ウはTELNETの説明である。

6.16 イ

PCから電子メールを送信するときはSMTP (Simple Mail Transfer Protocol)，受信するときはPOP (Post Office Protocol)が利用される。

6.17 イ

IMAP (Internet Message Access Protocol)は，POP3と同じく電子メール受信用プロトコルだが，メール管理をクライアント側のメーラーではなくメールサーバ上で行う点が異なっている。そのため，複数の端末を使用してメールを読む機会があるような場合に適したプロトコルである。IMAP4の4はVersion4の意味である。
アのAPOP (Authenticated Post Office Protocol)は，POP3のオプション機能であり，メールサーバとメーラーのユーザ認証を暗号化して行うものである。
ウのPOPを利用して電子メールを受信する場合，電子メールはメールサーバからクライアント側に一括ダウンロードされたのち，メールサーバから削除されてしまう。メールを管理するのはメールを受信したクライアントのメーラーのため，IMAPのように複数の端末で同じ状況下での利用はできない。

6.18 ウ

6.19 ア

bps (bit per second)は1秒間に伝送できるビット数を表した単位である。
イのfps (frames per second)は，1秒当たり何フレームを処理できるかを表した単位，ウのppm (pages per minute)は，1分当たり何枚の印刷ができるかを表す単位，エのrpm (revolutions per minute)は，1分当たり何回転するかの単位である。

第7章

7.1 イ

7.2 ア

RAIDのミラーリング (RAID1)は2台のハードディスクに同じデータを同時に記録するものであり，一方のハードディスクが故障しても，もう一方を使うことができるため可用性を高めることができる。またデータの安全性を高めることにもなる。

演習問題の解答

7.3 イ

リスク特定→リスク分析→リスク評価→リスク対応の順番となる。

7.4 エ

リスクの大きさ＝資産価値×脅威×脆弱性

7.5 エ

アはリスク低減，イはリスク移転，ウはリスク受容の説明である。

7.6 エ

情報セキュリティ対策の評価と改善は，PDCAサイクルのうちのA (Action) に相当する。

7.7 ア

7.8 ア

ソーシャルエンジニアリングは，ネットワークやコンピュータの技術を用いるものでなく，人間の心理的な盲点をつけねらったものであり，これを防ぐには日頃からの高いセキュリティ意識が必要である。

7.9 ウ

7.10 エ

アはマクロウイルス，イはデマウイルス，ウはワームの説明である。

7.11 エ

7.12 イ

DoS攻撃のねらいはサービスを妨害することである。

7.13 ア

フィッシングの代表的な手口は次のようなものである。
まず有名な金融機関の名をかたり，「早急に本人確認をしないとカードが失効する」といった利用者の不安をかきたてるメールを送信する。メールには偽のWebサイトにリンクがはられたURLがあり，それをクリックさせることで巧みに誘導する。その偽サイトで本人確認を装ってパスワードやクレジットカード番号などを盗み取る。
そのため，cのログインパスワードには十分な長さと複雑性をもたせること自体はフィッシング対策とはなりえない。

7.14 ア

イはOSコマンドインジェクション攻撃，ウはリスト型の不正ログイン攻撃，エはトロイの木馬の説明である。

7.15 エ

アはサービス妨害を目的としたDoS攻撃，イはメール攻撃の説明である。

7.16 イ

ウイルス定義ファイルが常に最新に保たれていないと，新種のウイルスに対応できない。

7.17 イ

4文字のパスワードに関して、0〜9の数字だけを使用した場合は、10×10×10×10個のパスワードを作成できるので、$10^4 = 10000$個作成できる。
一方、0〜9の数字の他にa〜fの英小文字6文字も使用できるようにした場合は、16×16×16×16個のパスワードを作成できるので、$16^4 = 65536$個作成できる。
65536÷10000を計算すると、約6.6になる。

7.18 エ

ワンタイムパスワードは1回限りの使い捨てのものであるため、たとえ漏えいしたとしても、それが使われて不正侵入されることがない。

7.19 ア

個人の身体的特徴（生体情報）である指紋や虹彩（こうさい）などに基づく認証がバイオメトリクス認証である。

7.20 イ

この認証システムの仕組みでは、たとえ本人でなくてもパスワードを知っていればログインが可能である。アは、パスワードが知られた場合の被害を最小限に抑えるために、定期的なパスワードの変更が必要である。ウは、虹彩認証で失敗してもパスワードさえ知っていれば本人以外でもログイン可能なため、認証の強度はパスワード認証と同レベルである。エは、万が一、虹彩認証で他人を本人と識別してしまった場合には、パスワード認証を行わないため誤り。

7.21 イ

7.22 エ

7.23 エ

アは、デジタル署名に利用されるのは公開鍵暗号方式である。イは、共通鍵暗号方式は公開鍵暗号方式に比べ、復号速度は一般的に早いのが特徴である。ウは、RSA方式は公開鍵暗号方式の1つである。

7.24 ウ

4人が相互に通信を行う場合は、4人から2人を選ぶ組合せの数を考えればよいので、$_4C_2 = (4×3)÷2 = 6$となり、この6が問題文のAB、AC、AD、BC、BD、CDの組合せの6個の鍵が必要であることを意味する。
同様に考えると、8人が相互に通信を行う場合は、$_8C_2 = (8×7)÷2 = 28$となる。

＊（7.24の類題） ウ

10人が相互に通信を行う場合は、$_{10}C_2 = (10×9)÷2 = 45$となる。

7.25 イ

セキュリティ上、第三者に知られても支障がないものは、bの公開鍵暗号方式の公開鍵のみである。

7.26 ウ

PKIは、公開鍵暗号方式における公開鍵の正当性の証明を、認証局を利用して行うものである。

7.27 ウ

7.28 ウ

SSLは，WWWのデータを暗号化して通信傍受やなりすましなどを防ぎ，オンラインショップのサーバ側と，ブラウザのクライアントとの間で住所やクレジットカード情報などのプライバシー情報や機密情報を安全に通信するために使われている。

7.29 エ

S/MIME（Secure / Multipurpose Internet Mail Extensions）は，公開鍵暗号を用いて電子メールの暗号化と署名を行う技術である。署名付きメールを送信する場合，送信者が認証局から鍵と証明書を手に入れる必要がある。

7.30 エ

不正侵入を防ぐためには，入退室管理などの物理的セキュリティ対策が必要となる。アやイは技術的対策，ウは人的対策が必要な例である。

索引

数字・アルファベット

2進数 17
8進数 17
10進数 16
16進数 17
3Dプリンタ 63

AND（論理積）（アンド） 37
Android（アンドロイド） 84
ARPANET（アーパネット） 133
ATA（アタ） 65
Atom（アトム） 143

BASIC（ベーシック） 91
BIOS（バイオス） 82
Bluetooth（ブルートゥース） 66
bps 146

C 91
C++（シープラプラ） 91
CD 55
CGI 91
COBOL（コボル） 91
CPU 59
CRTディスプレイ 62
CSMA/CD 130
CSS 142
CUI 83

DDoS攻撃 161
DHCP 138
DMZ 168
DNS 137
DoS攻撃 161
DRAM（ディーラム） 54
DVD 55
DVI 65

EOR（排他的論理和）（イーオア） 38

E-R図（イーアール図） 111
FLOPS（フロップス） 61
Fortran（フォートラン） 90

GUI 82

HDMI 65
HTML 92, 141
HTTP 140

IC 6
IEEE1394（アイトリプルイー1394） 64
IMAP4（アイマップフォー） 145
iOS（アイオーエス） 84
IPアドレス 136
IrDA 66

Java（ジャバ） 91
JavaScript（ジャバスクリプト） 91

LAN（ラン） 128
Linux（リナックス） 84
LSI 6

MacOS（マックオーエス） 83
MAC（マック）アドレス 126
MIME（マイム） 145
MIPS（ミップス） 61
MTBF 70
MTTR 70

NAS（ナス） 57
NAT（ナット） 138
NFC 66
NOT（否定）（ノット） 38

OCR 50
OMR 50
OR（論理和）（オア） 37
OS 82
OSI基本参照モデル 124

PCM	14
PCMCIA	66
Perl（パール）	91
PKI	172
PoE	130
POP3（ポップスリー）	145
RAID（レイド）	57
RAM（ラム）	53
RAS（ラス）	71
RASIS（レイシス）	71
RFID	67
ROM（ロム）	53
RSS	143
S/MIME（エスマイム）	176
SCSI（スカジー）	65
SGML	91
SMTP	145
SQL インジェクション	162
SRAM（エスラム）	54
SSL	174
TCO	74
TCP/IP	133
UNIX（ユニックス）	83
URL	140
USB	64
USB メモリ	54
VLSI	6
VPN	169
WAN（ワン）	128
Web（ウェブ）カメラ	51
Web（ウェブ）クローラ	144
Web（ウェブ）システム	69
Web（ウェブ）ビーコン	143
Web（ウェブ）ブラウザ	88
Windows（ウィンドウズ）	82
WWW	139
XHTML	92
XML	92
XOR（排他的論理和）（エックスオア）	38

50音順

あ行

アセンブリ言語	89
後入れ先出し	96
アナログ	13
アプリケーションソフトウェア	87
アルゴリズム	93
暗号	169
イーサネット	130
イメージスキャナ	49
インクジェットプリンタ	63
インターネット	133
インタプリタ	90
イントラネット	138
ウイルス対策ソフト	164
液晶ディスプレイ	62
エクストラネット	139
演算装置	59
オープンソースソフトウェア	93
オンラインストレージ	57

か行

外延的記法	41
階層モデル	102
外部キー	104
仮想化	69
仮想記憶	86
稼働率	70
加法混色	62
関係データベース	103
関係モデル	102
関数従属	109
ガンブラー	160
機械語	89
木構造	84
基数	16
基数記数法	16
揮発性	51
基本方針	157
キャッシュメモリ	56
キャプチャ	176
キュー	96
脅威	152
共通鍵暗号方式	170

共通部分	42	シリアル転送	63
キーロガー	160	シリンダ	52
クッキー	144	真空管	6
クライアントサーバシステム	68	シンクライアント	69
位取り記数法	16	シングルサインオン	169
クラスタシステム	69	真理値表	37
クラスレスサブネットマスク方式	136	スタック	96
クラッキング	159	スタンドアローン	123
グリッドコンピューティング	67	ストライピング	58
クロスサイトスクリプティング	162	スパイウェア	160
クロック	60	スプーリング	85
クロック信号	51	スループット	70
		スワッピング	86
継電器	5, 39	正規化	108
経路制御	126	制御装置	59
結合	107	脆弱性	153
ゲートウェイ	132	積演算	106
検疫ネットワーク	168	セキュリティホール	161
減法混色	63	セクタ	52
公開鍵暗号方式	170	セッション鍵方式	174
高水準言語	89	ゼロデイ攻撃	161
誤操作	159	全体集合	43
コールドスタンバイ	68	選択	106
コールバック	164	選択構造	94
コンテンツフィルタリング	167	ソーシャルエンジニアリング	159
コンパイラ	90	ソフトウェア	81
コンピュータウイルス	159	ソリッドステートドライブ	54

さ行

た行

差演算	105	対策基準	157
先入れ先出し	96	ダイジェスト	173
シーサート	164	対話型処理	69
実施手順	157	タスク	85
シフト演算	26	タッチパネル	49
射影	106	タブレット	49
集合	41	ターンアラウンドタイム	70
集中処理	67	チャレンジレスポンス	177
主キー	104	直列システム	73
主記憶装置	51	低水準言語	89
順次構造	94	ディスクキャッシュ	57
情報資産	151	ディレクトリ	84
情報社会	1	デジタル	13
情報	2	デジタル証明書	172
情報セキュリティ	151	デジタル署名	173
情報セキュリティポリシ	156	デジタルフォレンジック	169
情報セキュリティマネジメントシステム	156		

索引

データ	2
データ構造	94
データベース	101
データベース管理システム	101
データベースソフト	88
デッドロック	114
デフラグメンテーション	53
デュアルシステム	68
デュプレキシング	58
デュプレックスシステム	68
電子透かし	176
電子メール	144
盗聴	159
ドットインパクトプリンタ	63
ドメイン名	137
トラック	52
トラックパッド	49
トランジスタ	6
トロイの木馬	160

な行

内部不正	158
内包的記法	41
流れ図	93
なりすまし	159
入力装置	48
認証局	172
盗み見	159
ネットワーク	123
ネットワークインタフェースカード	126
ネットワークモデル	102
ノイマン型コンピュータ	2

は行

バイオメトリクス認証	167
排他制御	113
排他的論理和（XOR あるいは EOR）	38
バイト	15
ハイパーテキスト	139
ハイパーリンク	139
パイプライン処理	60
配列	95
パケット通信	134
バーコードリーダー	50
パス	85
バスパワー	64
パスワード	166
パスワードクラック	161
パスワードリスト攻撃	161
破損	159
バックアップ	116
バックドア	161
パッケージソフトウェア	92
ハッシュ化	173
バッチ処理	69
バッファオーバーフロー	163
ハードディスク	51
ハブ	129
パラレル転送	63
パリティ	59
半導体メモリ	53
反復構造	94
ピアツーピアシステム	69
非正規化	108
ビット	15
否定（NOT）	38
表計算ソフト	88
標本化	13
ファイアウォール	167
ファイル交換ソフトウェア	163
フィッシング	162
フィード	143
フェールセーフ	72
フェールソフト	72
フォールトアボイダンス	72
フォールトトレランス	72
フォールバック	72
不揮発性	51
符号化	13
部分関数従属	109
プラグアンドプレイ	64
フラグメンテーション	53
フラッシュメモリ	54
ブリッジ	131
ブール代数	39
フールプルーフ	72
ブルーレイディスク	55
プレゼンテーションソフト	88
プロキシサーバ	168
プログラミング	89
プログラム	81

フローチャート 93
プロトコル 123
分岐構造 94
分散処理 67
紛失 159

並列システム 73
並列処理 67
ページング方式 86
ペネトレーションテスト 169
ベン図 41
ベンチマーク 70

ポインタ 96
補集合 43
補助記憶装置 51
補助単位 34
補数 30
ボット 161
ホットスタンバイ 68
ホットプラグ 64
ポート番号 127

ま行

マイクロプロセッサ 8, 59
マウス 49
マークアップ言語 91
マクロウイルス 160
マルウェア 159
マルチコアプロセッサ 61

水飲み場攻撃 161
ミドルウェア 81
ミラーリング 58

ムーアの法則 10
無停電電源装置 177

メモリカード 54
メールソフト 88

文字コード 35

や行

有機ELディスプレイ 62

ら行

ランサムウェア 160
リアルタイム処理 69
リスク 152
リスクアセスメント 152
リスク対策 155
リスクマネジメント 152
リスト構造 96
リピータ 131
量子化 13
リレー 5, 39
リレーション 102
ルータ 132
ルーティング 126
レーザプリンタ 63
レジスタ 56
レスポンスタイム 70
レプリケーション 68
ログ 115
ロック 114
ロールバック 116
ロールフォワード 116
論理演算 37
論理回路 39
論理積（AND） 37
論理和（OR） 37

わ行

和演算 105
和集合 42
ワープロソフト 88
ワーム 160
ワンタイムパスワード 167

【監修者紹介】

木村 春彦（きむら はるひこ）

現在　公立小松大学生産システム科学部教授・工学博士

【著者紹介】

田嶋 拓也（たじま たくや）

現在　福岡工業大学情報工学部教授・博士（工学）

阿部 武彦（あべ たけひこ）

現在　愛知大学経済学部教授・博士（学術）

コンピュータ科学の基礎
Introduction to Computer Science

2017年 3月25日　初版 1 刷発行
2025年 3月 1 日　初版 7 刷発行

監　修　木村 春彦　　　　　　　　　　　　　　　　　　　　　　（検印廃止）
著　者　田嶋 拓也・阿部 武彦　©2017
発行所　共立出版株式会社／南條光章

東京都文京区小日向4丁目6番19号
電話　03-3947-2511番（代表）
〒112-0006／振替口座 00110-2-57035番
URL　https://www.kyoritsu-pub.co.jp

一般社団法人 自然科学書協会 会員

NDC 007
ISBN 978-4-320-12417-2
Printed in Japan

印刷　株式会社精興社　　　製本：協栄製本　　　　　本文組版・装丁：IWAI Design

JCOPY ＜出版者著作権管理機構委託出版物＞
本書の無断複製は著作権法上での例外を除き禁じられています．複製される場合は，そのつど事前に，出版者著作権管理機構（TEL：03-5244-5088，FAX：03-5244-5089，e-mail：info@jcopy.or.jp）の許諾を得てください．

編集委員：白鳥則郎(編集委員長)・水野忠則・高橋 修・岡田謙一

未来へつなぐデジタルシリーズ

❶ **インターネットビジネス概論 第2版**
片岡信弘・工藤 司他著‥‥‥‥208頁・定価2970円

❷ **情報セキュリティの基礎**
佐々木良一監修／手塚 悟編著‥244頁・定価3080円

❸ **情報ネットワーク**
白鳥則郎監修／宇田隆哉他著‥‥208頁・定価2860円

❹ **品質・信頼性技術**
松本平八・松本雅俊他著‥‥‥‥216頁・定価3080円

❺ **オートマトン・言語理論入門**
大川 知・広瀬貞樹他著‥‥‥‥176頁・定価2640円

❻ **プロジェクトマネジメント**
江崎和博・髙根宏士他著‥‥‥‥256頁・定価3080円

❼ **半導体LSI技術**
牧野博之・益子洋治他著‥‥‥‥302頁・定価3080円

❽ **ソフトコンピューティングの基礎と応用**
馬場則夫・田中雅博他著‥‥‥‥192頁・定価2860円

❾ **デジタル技術とマイクロプロセッサ**
小島正典・深瀬政秋他著‥‥‥‥230頁・定価3080円

❿ **アルゴリズムとデータ構造**
西尾章治郎監修／原 隆浩他著 160頁・定価2640円

⓫ **データマイニングと集合知** 基礎からWeb、ソーシャルメディアまで
石川 博・新美礼彦他著‥‥‥‥254頁・定価3080円

⓬ **メディアとICTの知的財産権 第2版**
菅野政孝・大谷卓史他著‥‥‥‥276頁・定価3190円

⓭ **ソフトウェア工学の基礎**
神長裕明・郷 健太郎他著‥‥‥202頁・定価2860円

⓮ **グラフ理論の基礎と応用**
舩曵信生・渡邉敏正他著‥‥‥‥168頁・定価2640円

⓯ **Java言語によるオブジェクト指向プログラミング**
吉田幸二・増田英孝他著‥‥‥‥232頁・定価3080円

⓰ **ネットワークソフトウェア**
角田良明編著／水野 修他著‥‥192頁・定価2860円

⓱ **コンピュータ概論**
白鳥則郎監修／山崎克之他著‥‥276頁・定価2640円

⓲ **シミュレーション**
白鳥則郎監修／佐藤文明他著‥‥260頁・定価3080円

⓳ **Webシステムの開発技術と活用方法**
速水治夫編著／服部 哲他著‥‥238頁・定価3080円

⓴ **組込みシステム**
水野忠則監修／中條直也他著‥‥252頁・定価3080円

㉑ **情報システムの開発法：基礎と実践**
村田嘉利編著／大場みち子他著 200頁・定価3080円

㉒ **ソフトウェアシステム工学入門**
五月女健治・工藤 司他著‥‥‥180頁・定価2860円

㉓ **アイデア発想法と協同作業支援**
宗森 純・由井薗隆也他著‥‥‥216頁・定価3080円

㉔ **コンパイラ**
佐渡一広・寺島美昭他著‥‥‥‥174頁・定価2860円

㉕ **オペレーティングシステム**
菱田隆彰・寺西裕一他著‥‥‥‥208頁・定価2860円

㉖ **データベース ビッグデータ時代の基礎**
白鳥則郎監修／三石 大他編著‥280頁・定価3080円

㉗ **コンピュータネットワーク概論 第2版**
水野忠則監修／太田 賢他著‥‥304頁・定価3190円

㉘ **画像処理**
白鳥則郎監修／大町真一郎他著 224頁・定価3080円

㉙ **待ち行列理論の基礎と応用**
川島幸之助監修／塩田茂雄他著 272頁・定価3300円

㉚ **C言語**
白鳥則郎監修/今野将編集幹事・著 192頁・定価2860円

㉛ **分散システム 第2版**
水野忠則監修／石田賢治他著‥‥268頁・定価3190円

㉜ **Web制作の技術 企画から実装、運営まで**
松本早野香編著／服部 哲他著‥208頁・定価2860円

㉝ **モバイルネットワーク**
水野忠則・内藤克浩監修‥‥‥‥276頁・定価3300円

㉞ **データベース応用 データモデリングから実装まで**
片岡信弘・宇田川佳久他著‥‥‥284頁・定価3520円

㉟ **アドバンストリテラシー** ドキュメント作成の考え方から実践まで
奥田隆史・山崎敦子他著‥‥‥‥248頁・定価2860円

㊱ **ネットワークセキュリティ**
高橋 修監修／関 良明他著‥‥272頁・定価3080円

㊲ **コンピュータビジョン 広がる要素技術と応用**
米谷 竜・斎藤英雄編著‥‥‥‥264頁・定価3080円

㊳ **情報マネジメント**
神沼靖子・大場みち子他著‥‥‥232頁・定価3080円

㊴ **情報とデザイン**
久野 靖・小池星多他著‥‥‥‥248頁・定価3300円

＊続刊書名＊

・コンピュータグラフィックスの基礎と実践

・可視化

（価格、続刊書名は変更される場合がございます）

www.kyoritsu-pub.co.jp

共立出版

【各巻】B5判・並製本・税込価格